Klett

AF577562

10-Minuten-Training

Mathematik

Kopfrechnen

5. Klasse

Kleine Lernportionen für jeden Tag

Heike Homrighausen

Klett Lerntraining

Bibliografische Information der Deutschen Nationalbibliothek
Die Deutsche Nationalbibliothek verzeichnet diese Publikation in der Deutschen Nationalbibliografie; detaillierte bibliografische Daten sind im Internet über http://dnb.dnb.de abrufbar.

Das Werk und seine Teile sind urheberrechtlich geschützt. Jede Nutzung in anderen als den gesetzlich zugelassenen Fällen bedarf der vorherigen schriftlichen Einwilligung des Verlages. Hinweis zu § 60a UrhG: Weder das Werk noch seine Teile dürfen ohne eine solche Einwilligung eingescannt und in ein Netzwerk eingestellt werden. Dies gilt auch für Intranets von Schulen und sonstigen Bildungseinrichtungen. Fotomechanische Wiedergabe nur mit Genehmigung des Verlages.

4. Auflage 2025

© PONS Langenscheidt GmbH, Stöckachstraße 11, 70190 Stuttgart 2022.
Alle Rechte vorbehalten.
www.klett-lerntraining.de

Umschlagfoto: Shutterstock (ViDI Studio), New York; U1/U4: Getty Images (Spauln), München
Satz und grafische Zeichnungen: DTP-Studio Andrea Eckhardt, Göppingen
Druck: Plump Druck & Medien GmbH, Rheinbreitbach
Printed in Germany
ISBN 978-3-12-927595-5

1 Inhaltsverzeichnis

Vorwort

Hallo!

Wie ist das bei dir? Du hast Schwierigkeiten beim Rechnen, insbesondere Kopfrechnen? Und weißt gar nicht, wie du üben sollst?

Keine Sorge, mit diesem Buch kannst du das Kopfrechnen super üben!

Unser Tipp: Lerne nicht alles an einem Tag. Übe lieber jeden Tag **10 Minuten**! Das geht superschnell und du übst trotzdem intensiver als sonst.

1 In diesem Heft findest du viele Übungen, mit denen du das Kopfrechnen trainieren kannst.

Die kleine Stoppuhr erinnert dich daran: besser kleine Lernportionen!

Tipp Hier bekommst du wichtige Tipps zu den Übungen.

★☆ Leichtere Übungen haben einen Stern ★☆ und etwas schwerere Übungen haben zwei Sterne ★★. Beginne am besten mit den leichteren!

Hinten im Buch findest du die Lösungen zu den Übungen.

Wir wünschen dir viel Erfolg!

Deine Klett Lerntraining Redaktion

Kopfrechnen kennst du bereits aus der Grundschule. Einfache Aufgaben hast du im Kopf gerechnet und schwierigere schriftlich – vielleicht hast du sogar schon einen Taschenrechner benutzt.

Kopfrechnen besteht aber nicht nur aus dem Aufsagen der Aufgaben des kleinen und großen Einmaleins. Kopfrechnen bedeutet auch, einfache Rechentricks zu nutzen, um schwierige Aufgabe zu lösen. Das kannst du in diesem Heft üben.

Wenn du gut Kopfrechnen kannst, hast du einige **Vorteile**:

- Kopfrechnen trainiert dein Gehirn. Es stärkt dein Gefühl für Zahlen und für das Rechnen mit Einheiten und Größen.
- Viele Rechnungen kannst du schneller lösen, und du hast mehr Zeit für schwierigere Themen.
- Kopfrechnen hilft dir, bei komplexen Aufgaben flexibler zu rechnen.
- In höheren Klassen rechnest du viel mit dem Taschenrechner. Kopfrechnen hilft dir, das Ergebnis zu überschlagen und zu überprüfen, ob du die Zahlen richtig eingetippt hast.
- Außerdem hilft dir Kopfrechnen natürlich in vielen Alltagssituationen, wie z. B. dem Einkaufen.

Lerntipps

Die „Königsklasse" ist, große Zahlen im Kopf multiplizieren und dividieren zu können. Dafür musst du aber auch gut im Kopf addieren und subtrahieren können.

- Übe deshalb regelmäßig alle Rechenarten im Kopf.
- Du hast das Heft durchgearbeitet – super! Damit du dauerhaft fit bleibst im Kopfrechnen, überlege dir immer mal wieder zehn Aufgaben und berechne sie. Oder bitte deine Eltern, dir Aufgaben zu stellen. Vielleicht machst du auch eine Challenge mit deinen Geschwistern oder Freunden daraus?
- Verwende die Rechentricks, die du schon kennst oder auch in diesem Heft findest, wie z. B. der 9er-Trick, geschicktes Rechnen, Rechnen in kleinen Schritten, gegensinniges Verändern oder Überschlagen.
  Kontrolliere dich danach mit dem Taschenrechner.

1 Kopfrechnen mit natürlichen Zahlen

Addieren

Tipp

Der Fachbegriff für eine Rechnung, in der Zahlen zusammengezählt werden, ist **Addition**. Statt zusammenzählen sagt man auch **addieren**.
Die Zahlen, die addiert werden, heißen **Summanden**. Sie können nach ihrer Reihenfolge durchnummeriert werden.
Die gesamte Rechnung (Addition) nennt man **Summe**.
Das Ergebnis nennt man **Wert der Summe** oder auch kurz **Summe**.

$$\underbrace{\underset{\text{1. Summand}}{33} + \underset{\text{2. Summand}}{74}}_{\text{Summe}} = \underset{\text{Wert der Summe}}{107}$$

Beim Addieren von zwei oder mehr Zahlen darf man die beiden Summanden vertauschen, da sich der Wert der Summe dabei nicht ändert. Dies nennt man das **Kommutativgesetz** (von lat. *commutare* = vertauschen).
Es kann dir helfen, wenn du mehrere Zahlen im Kopf addieren musst.

Beispiele:

a) $3 + 2 = 5$
$2 + 3 = 5$

b) $32 + 15 + 28$
$= \underbrace{32 + 28} + 15$
$= \underbrace{60 \quad + 15}$
$= 75$

So kannst du zweistellige Zahlen im Kopf addieren

Addiere: $27 + 38$

1. Zerlege den 2. Summanden in seine Stufenzahlen, also in Zehner und Einer.
2. Zähle dann den 1. Summanden und den zerlegten 2. Summanden nacheinander zusammen.

$30 + 8$
$\underbrace{27 + 30} + 8$
$\underbrace{57 \quad + 8}$
65

Tipp:
Es hilft dir, wenn du dir leise die einzelnen Schritte aufsagst (oder diese aufschreibst). Probiere es aus!

„27 plus 38 ist
27 plus 30 plus 8
ist 57 plus 8
ist 65."

Berechne im Kopf und ergänze die Tabelle.

		+ 1	+ 10	+ 100	+ 1000
a)	28				
b)	93				
c)	126				
d)	725				
e)	1120				
f)	2345				

2 ★☆

Berechne im Kopf.

a) 765 + 10 = ____________

765 + 30 = ____________

765 + 70 = ____________

765 + 90 = ____________

b) 3456 + 20 = ____________

3456 + 40 = ____________

3456 + 60 = ____________

3456 + 80 = ____________

c) 974 + 100 = ____________

943 + 300 = ____________

943 + 500 = ____________

943 + 900 = ____________

d) 3579 + 200 = ____________

3579 + 400 = ____________

3579 + 600 = ____________

3579 + 800 = ____________

e) 8642 + 1000 = ____________

8642 + 3000 = ____________

8642 + 5000 = ____________

8642 + 9000 = ____________

f) 9876 + 2000 = ____________

9876 + 4000 = ____________

9876 + 6000 = ____________

9876 + 8000 = ____________

3 ★☆ **Berechne.**

a) 10 + 52 = ______
100 + 520 = ______
1000 + 5200 = ______

b) 654 + 10 = ______
6540 + 100 = ______
65 400 + 1000 = ______

c) 45 + 20 = ______
450 + 200 = ______
4500 + 2000 = ______

d) 357 + 50 = ______
3570 + 500 = ______
35 700 + 5000 = ______

e) 25 + 100 = ______
250 + 1000 = ______
2500 + 10 000 = ______

f) 123 + 200 = ______
1230 + 2000 = ______
12 300 + 20 000 = ______

4 ★☆ **Hier übst du das Zerlegen in Stufenzahlen. Ergänze die Lücken und berechne im Kopf.**

a) 44 + 12
= 44 + 10 + ______
= ______

b) 66 + 19

= 66 + ______ + 9
= ______

c) 75 + 58
= 75 + ______ + ______
= ______

5 ★☆ **Berechne im Kopf.**

a) 16 + 47 = ______
b) 28 + 63 = ______
c) 35 + 17 = ______
d) 220 + 45 = ______
e) 78 + 29 = ______
f) 246 + 54 = ______

6 ★☆ **Trick 1 – 4 sind deine wichtigsten Helfer beim Kopfrechnen. Berechne die angegebenen Aufgaben und gib an, welcher Trick dir jeweils dabei helfen kann.**

a) 53 + 198 b) 77 + 65 c) 45 + 63 + 75

7 ★★ **In diesen magischen Quadraten sind die Zahlen von 1 bis 9 so angeordnet, dass sich in jeder Reihe, jeder Spalte und auf den Diagonalen jeweils die Summe 15 ergibt. Ergänze die Quadrate.**

a)

		8
		1
	7	

b)

		2
8		

c)

		3

8 ★☆

Hier siehst du das Jupiterquadrat.
Es besteht aus 4 · 4, also 16 Feldern.
Finde die magische Zahl und ergänze die leeren Feldern.

1	15	14	4
	6		
8		11	
13		2	16

9 ★☆

Berechne die magische Zahl, und ergänze die leeren Felder.

	3		13
	10	11	8
		7	12
	15	14	1

10 ★☆

Auf den spanischen Cent-Stücken findest du die Kathedrale Sagrada Familia in Barcelona. Dort hat der Architekt Antonio Gaudi in der Außenfassade ein magisches Quadrat hinterlassen, um die Lebenszeit Jesu Christi, also 33 Jahre, darzustellen.
Ergänze die fehlenden Zahlen.

1	14		4
		6	
8	10		5
13	2	3	

Tipp

So kannst du dreistellige Zahlen geschickt im Kopf addieren

Möglichkeit 1:
Du zerlegst einen Summanden in seine Stufenzahlen und addierst schrittweise. *Tipp*: Denke daran, du kannst die Reihenfolge vertauschen.

Möglichkeit 1 ist besonders geeignet, wenn in einem Summanden eine Null steht.

Addiere 302 + 157.
Reihenfolge vertauschen
157 + 302
$= \underbrace{157 + 300} + 2$
$= 457 + 2 = 459$

Möglichkeit 2:
Zerlege einen Summanden in eine Hunderterzahl und einen Rest und rechne dann.

Berechne 198 + 453.
198 liegt nahe an 200, also vertauschen und 198 zerlegen
453 + 198
$= \underbrace{453 + 200} - 2$
$= \underbrace{653 - 2}$
$= 651$

So kannst du mehrere Zahlen geschickt addieren

Wenn du die bekannten Tricks (z. B. Zerlegung in Stufenzahlen oder geschickte Zahlen addieren) anwendest, dann wird deine Rechnung kürzer und leichter.

- Vertausche die Zahlen so, dass sich beim Addieren „geschickte" Zahlen ergeben.
  „Geschickte" Zahlen ergeben beim Addieren immer Zahlen, die am Ende Nullen haben, also z. B. hinten 2 + 8, 3 + 7, …

  54 + 18 + 26
  $= \underbrace{54 + 26} + 18$
  $= \underbrace{80 + 18}$
  $= 98$

- Zerlege schrittweise die Zahlen in Hunderterzahlen, Stufenzahlen usw.

  125 + 98 + 57
  $= \underbrace{125 + 100} - 2 + 57$
  $= \underbrace{225 - 2} + 57$
  $= \underbrace{223 + 57}$
  $= 280$

11 ★☆ **Berechne geschickt, indem du einen Summanden in Stufenzahlen zerlegst.**
Tipp: **Nimm dazu den Summanden, der die Null enthält.**

a) 277 + 120

= 277 + ___ + ___

= ___

b) 135 + 406

= 135 + ___ + ___

= ___

c) 852 + 160

= 852 + ___ + ___

= ___

d) 280 + 166

= 280 + ___ + ___

= ___

e) 205 + 78

= 78 + 205

= 78 + ___ + ___

= ___

f) 307 + 579

= 579 + ___

= ___ + ___ + ___

= ___

12 ★☆ **Berechne geschickt, indem du einen Summanden in eine Hunderterzahl zerlegst.**

a) 222 + 98

= 222 + 100 − ___

= ___ − ___

= ___

b) 531 + 304

= 531 + ___ + ___

= ___ + ___

= ___

c) 321 + 97

= ___ + ___ − ___

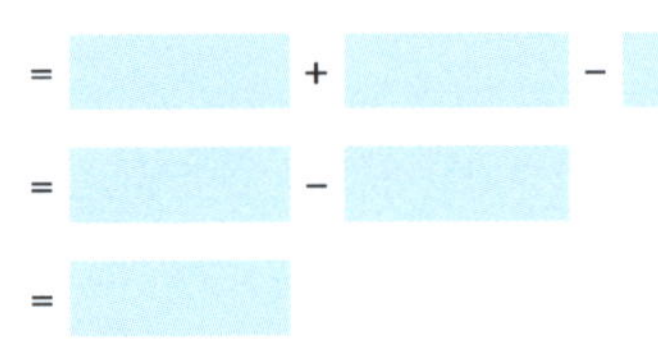

= ___ − ___

= ___

d) 205 + 138

= 138 + ___

= ___ + ___ + ___

= ___ + ___

e) 495 + 379

f) 128 + 411

Addiere, indem du den zweiten Summanden geschickt zerlegst. Schreibe dir den Zwischenschritt zur Kontrolle auf.

a) 43 + 18 = 43 + 20 − 2 = 61

b) 254 + 98 = ______ = ______

c) 485 + 62 = ______ = ______

d) 4893 + 79 = ______ = ______

e) 484 + 198 = ______ = ______

f) 8594 + 797 = ______ = ______

Berechne geschickt im Kopf.

a) 247 + 369 + 153 = ______

b) 867 + 1420 + 13 + 500 = ______

c) 89 + 742 + 68 = ______

d) 1702 + 561 + 88 + 49 = ______

Tipp

So kannst du beliebige Zahlen mit Zwischenergebnissen im Kopf addieren, wenn du die Aufgabe schriftlich vor dir hast:
Addiere wie beim schriftlichen Addieren die Zahlen stellenweise, aber von **rechts nach links.**

	Berechne 125 + 648.
1. Addiere die Einer und merke dir den Wert bzw. schreibe ihn auf.	Rechne 8 + 5 = 13, also schreibe 3 auf und merke dir 1 als Übertrag.
2. Addiere die Zehner. Vergiss gegebenfalls den Übertrag nicht.	Rechne 1 + 4 + 2 = 7
3. Addiere so immer weiter, bist du alle Stufenzahlen addiert hast.	Rechne 6 + 1 = 7
4. Notiere das Ergebnis, wieder von rechts nachts links.	125 + 648 = 773

Addiere mit Zwischenergebnissen. Mit Übung schaffst du es bald ganz im Kopf.

a) 54 + 28 = ______

b) 158 + 72 = ______

c) 93 + 834 = ______

d) 312 + 123 = ______

e) 253 + 614 = ______

f) 345 + 231 = ______

Subtrahieren

Tipp

Der Fachbegriff für eine Rechnung, in der Zahlen voneinander abgezogen werden, ist **Subtraktion**. Statt abziehen sagt man auch **subtrahieren**.

Bei einer Subtraktion kommt es auf die Reihenfolge an. Deshalb haben die Zahlen auch unterschiedliche Namen.
Die erste Zahl ist der **Minuend**, die Zahl, die davon subtrahiert wird, ist der **Subtrahend**.
Die Rechnung nennt man **Differenz**, das Ergebnis **Wert der Differenz** oder auch kurz Differenz.

83	–	46	=	37
Minuend		Subtrahend		Wert der Differenz

(Minuend – Subtrahend: Differenz)

Achtung: Hier darfst du die Zahlen nicht vertauschen!

Addieren und Subtrahieren sind **entgegengesetzte Rechenarten**, d.h. das Addieren einer Zahl kann durch Subtrahieren der gleichen Zahl **rückgängig** gemacht werden. Umgekehrt kann das Subtrahieren einer Zahl durch Addieren der gleichen Zahl rückgängig gemacht werden.

Dies nennt man auch **Umkehrrechnung** oder **Rückwärtsrechnen**.

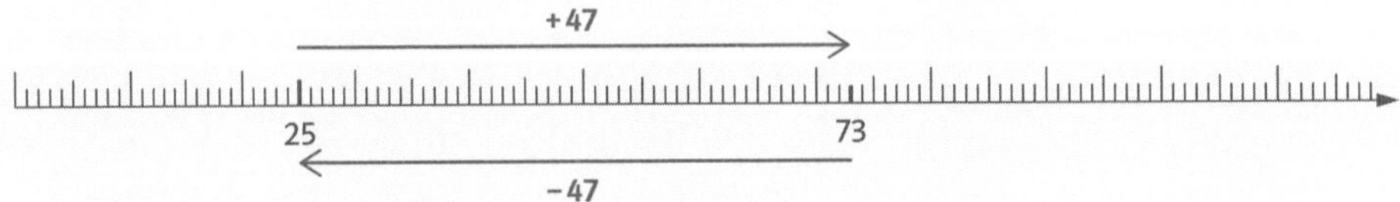

So kannst du zweistellige Zahlen im Kopf subtrahieren

1. Zerlege den Subtrahenden in seine Stufenzahlen, also in Zehner und Einer.
2. Ziehe dann nacheinander die Stufenzahlen vom Minuenden ab.

Tipp: Es hilft dir, wenn du dir leise die einzelnen Schritte aufsagst.

Berechne 83 – 46.

$46 = 40 + 6$

$83 - 46$
$= \underbrace{83 - 40} - 6$
$= \underbrace{43 \quad - 6}$
$= 37$

„83 minus 46 ist 83 minus 40 minus 6 ist 43 minus 6 ist 37."

16 ★☆ **Subtrahiere im Kopf – der Minuend ist eine Zehnerpotenz.**

a) 10 – 2 = ______ b) 10 – 5 = ______
c) 100 – 6 = ______ d) 100 – 30 = ______
e) 1000 – 9 = ______ f) 1000 – 70 = ______
g) 1000 – 200 = ______ h) 1000 – 500 = ______

17 ★☆ **Subtrahiere im Kopf – hier geht es um Stufenzahlen.**

a) 100 – 20 = ______ b) 200 – 30 = ______
c) 400 – 5 = ______ d) 500 – 100 = ______
e) 700 – 300 = ______ f) 1000 – 40 = ______
g) 3000 – 60 = ______ h) 4000 – 300 = ______
i) 2000 – 1000 = ______ j) 8000 – 3000 = ______

18 ★☆ **Subtrahiere im Kopf – jetzt ist nur noch der Minuend eine Stufenzahl.**

a) 100 – 25 = ______ b) 300 – 37 = ______
c) 500 – 72 = ______ d) 600 – 96 = ______
e) 900 – 83 = ______ f) 700 – 120 = ______
g) 400 – 340 = ______ h) 800 – 480 = ______

19 **Berechne im Kopf.**

a) 72 – 16 = ______ b) 97 – 28 = ______ c) 90 – 65 = ______
d) 71 – 62 = ______ e) 85 – 37 = ______ f) 53 – 18 = ______

20 ★☆ **Berechne im Kopf.**

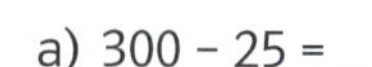

a) 300 – 25 = ______ b) 234 – 56 = ______ c) 180 – 44 = ______
d) 456 – 65 = ______ e) 602 – 74 = ______ f) 710 – 85 = ______

Tipp

So kannst du dreistellige Zahlen geschickt im Kopf subtrahieren

Möglichkeit 1:
Zerlege den Subtrahenden in seine Stufenzahlen und subtrahiere dann schrittweise wie oben beschrieben.

352 − 110

= 352 − 100 − 10
= 253 − 10
= 242

Nebenrechnung:
110 = 100 + 10

insgesamt müssen 110 abgezogen werden

Möglichkeit 2:
Zerlege den Subtrahenden in eine Hunderterzahl und den Rest.

a) 484 − 205
= 484 − 200 − 5
= 284 − 5
= 279

205 = 200 + 5

Beachte:
Ist der Subtrahend kleiner als die Hunderterzahl, musst du den Rest dann addieren.

b) 531 − 198
= 531 − 200 + 2
= 331 + 2
= 333

198 = 200 − 2

So kannst du fehlende Zahlen im Kopf berechnen

Forme die Rechnung durch Rückwärtsrechnen so um, dass das Kästchen bzw. die fehlende Zahl alleine steht.
Dann kannst du die fehlende Zahl direkt berechnen.

a) □ ⊕ 12 = 41
41 ⊖ 12 = □
also □ = 29

Beachte:
Die fehlende Zahl sollte immer die erste Zahl sein. Deshalb kannst du folgende Tricks anwenden:
1. Beim Addieren darfst du die Summanden vertauschen.
2. Ist die fehlende Zahl der Subtrahend, musst du drei Schritte rechnen:
   - umkehren
   - vertauschen
   - umkehren

b) 54 ⊖ □ = 37
umkehren
37 ⊕ □ = 54
vertauschen
□ ⊕ 37 = 54
umkehren
54 ⊖ 37 = □
also □ = 17

Subtrahiere, indem du den Subtrahenden wie im Beispiel zerlegst.
Du kannst dir hier die Zwischenschritte aufschreiben.

a) 350 – 99 = 350 – 100 + 1 =

b) 760 – 97 = =

c) 440 – 98 = =

d) 270 – 97 = =

e) 810 – 199 = =

f) 930 – 298 = =

g) 610 – 497 = =

Subtrahiere, indem du den Subtrahenden wie im Beispiel zerlegst.
Du kannst dir hier die Zwischenschritte aufschreiben.

a) 370 – 102 = 370 – 100 – 2 =

b) 430 – 207 = =

c) 680 – 104 = =

d) 250 – 107 = =

e) 920 – 203 = =

f) 540 – 308 = =

g) 700 – 406 = =

Berechne geschickt im Kopf und notiere hier nur das Endergebnis.

a) 213 – 102 = ____________

b) 345 – 206 = ____________

c) 444 – 198 = ____________

d) 705 – 299 = ____________

e) 623 – 497 = ____________

f) 567 – 398 = ____________

24 ★☆ **Berechne die fehlenden Zahlen. Nebeneinander stehende Zahlen werden immer subtrahiert.**

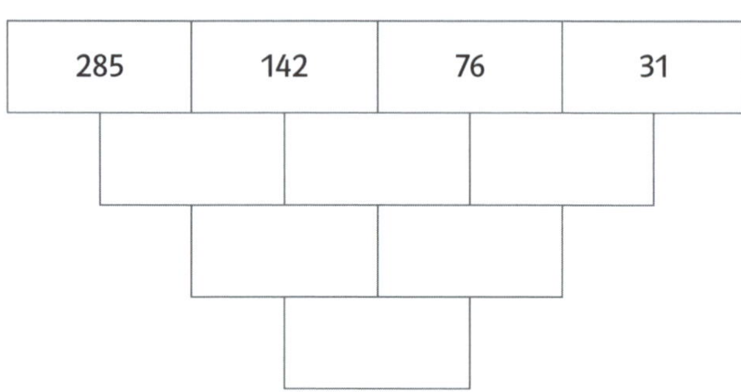

25 ★★ **Vergleiche die beiden Rechnungen. Setze das richtige Zeichen <, = oder > für ☐ ein.**

a) 123 - 52 ☐ 271 - 102
b) 553 - 298 ☐ 460 - 203
c) 456 - 78 ☐ 345 + 67
d) 304 - 157 ☐ 93 + 54
e) 531 - 86 ☐ 680 - 236
f) 135 + 79 ☐ 642 - 420

26 ★★ **Eine Zahl soll von einer anderen Zahl subtrahiert werden. Welche Karten musst du wählen? Notiere die Rechnung.**

9 4 3 1 8 7

a) Die Differenz soll möglichst groß werden.

____

b) Die Differenz soll möglichst klein werden.

____

c) Die Differenz liegt zwischen 300 und 400.

____

d) Die Differenz liegt möglichst nahe bei 500.

____

27 ★★ **Bestimme die fehlenden Zahlen.**

a) ☐ + 36 = 63
b) ☐ - 23 = 56
c) 34 + ☐ = 88
d) 79 - ☐ = 43
e) 128 + ☐ = 166
f) 122 - ☐ = 58

Vermischte Aufgaben zum Addieren und Subtrahieren

Ergänze.

a) 295 + ______ = 300
b) 193 + ______ = 200
c) 389 + ______ = 400
d) 298 + ______ = 400
e) 487 + ______ = 700
f) 595 + ______ = 1000
g) 387 + ______ = 1000
h) 184 + ______ = 900

Ergänze im Kopf zu 100 bzw. 1000.

100	1000
46 + ______	555 + ______
38 + ______	372 + ______
67 + ______	13 + ______
______ + 44	______ + 710
______ + 23	______ + 939
______ + 21	______ + 451

Ergänze im Kopf zu 100 bzw. 1000.

100	1000
172 – ______	4276 – ______
399 – ______	10 884 – ______
811 – ______	8532 – ______
______ – 93	______ – 1587
______ – 3519	______ – 1312
______ – 466	______ – 4904

31 

Berechne im Kopf.

a) 16 + 47 = ____________ b) 23 − 18 = ____________

c) 137 − 75 = ____________ d) 28 + 93 = ____________

e) 625 − 75 = ____________ f) 220 + 45 = ____________

g) 78 − 29 = ____________ h) 306 + 705 = ____________

i) 88 − 55 = ____________ j) 300 − 15 = ____________

32 ★☆

Bestimme die fehlenden Zahlen. Notiere dazu jeweils eine Rechnung.

a) ☐ + 36 = 63 ____________________

b) 47 − ☐ = 13 ____________________

c) ☐ − 123 = 456 ____________________

d) 234 + ☐ = 324 ____________________

e) 111 − 99 = ☐ ____________________

f) 34 + ☐ = 345 ____________________

g) ☐ − 48 = 49 ____________________

h) 127 − ☐ = 0 ____________________

33  

Wähle aus den Zahlenkärtchen jeweils zwei aus, so dass

a) die Summe möglichst groß wird.

____

b) die Differenz größer als 90 ist.

____

c) der Subtrahend genau um 25 kleiner ist als der Minuend.

____

d) die Differenz möglichst nahe bei null liegt.

____

180 | 255 | 245 | 165 | 65 | 90

Löse das Kreuzzahlenrätsel.

waagrecht:
1 Summe aus 138 und 237
2 Subtrahiere 84 von 95.
3 Differenz aus 83 und 59
5 Addiere 17 und 77.
7 Differenz aus 1317 und 787

senkrecht:
1 Summe aus 2000 und 1120
4 Subtrahiere von der Summe aus 95 und 85 die Zahl 135.
6 Von welcher Zahl muss man 120 subtrahieren, um 3360 zu erhalten?

1				6
2			5	
3		4		
		7		

Kontrolliere diese Aufgaben mithilfe der Umkehraufgaben. Berichtige die falschen.

a) $720 + 180 = 900$ ______

b) $610 - 70 = 440$ ______

c) $310 - 130 = 190$ ______

Fülle die Leerstellen aus.

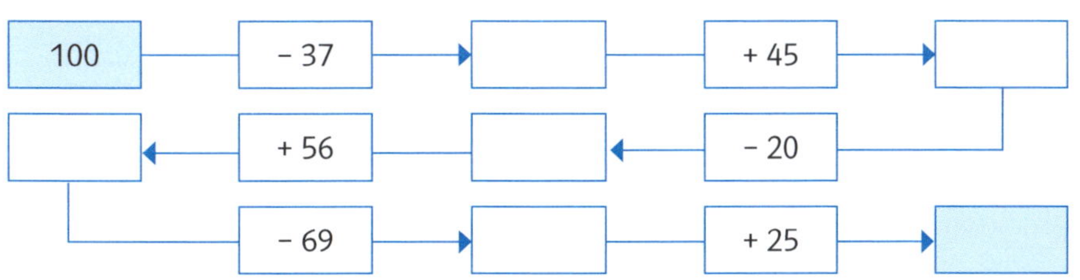

Wie erklärst du dir das Ergebnis?

★☆ **Ergänze die fehlenden Einträge.**

Erster Summand	Zweiter Summand	Summe
754	136	
	245	555
1290		2455
	1044	3724
9090	1001	
	10 245	12 509

Minuend	Subtrahend	Differenz
370	245	
	178	98
2450		1060
3566	1236	
10 958		9848
	112 233	334 455

38 ★☆ **Till hat 124 € gespart. Er möchte sich ein neues Skateboard für 189 € kaufen. Wie viele Euro fehlen ihm noch? Schreibe deine Rechnung auf und berechne im Kopf.**

Rechnung: ______________________________

39 ★☆ **Jasmin hat zum Geburtstag 280 € geschenkt bekommen. Sie möchte sich ein Handy für 229 € kaufen. Wie viel Geld hat sie noch übrig? Schreibe deine Rechnung auf und berechne im Kopf.**

Rechnung: ______________________________

40 ★☆ **Max, Sophia und Emilia tauschen Sammelkarten. Max hat 28, Sophia hat 8 Karten mehr als Max und Emilia 10 Karten weniger als Sophia. Wie viele Karten haben die Freunde zusammen? Schreibe hier deine Rechnung auf und berechne im Kopf.**

Rechnung: ______________________________

Multiplizieren

Tipp

Der Fachbegriff für eine Rechnung, in der Zahlen malgenommen werden, ist **Multiplikation**. Statt malnehmen sagt man auch **multiplizieren.**

Die Zahlen, die multipliziert werden, heißen **Faktoren**; sie können nach ihrer Reihenfolge durchnummeriert werden. Die gesamte Rechnung (Multiplikation) nennt man **Produkt**. Das Ergebnis einer Multiplikation nennt man **Wert des Produkts** oder auch kurz Produkt.

23	·	7	=	161
1. Faktor		2. Faktor		Wert des Produkts

$\underbrace{23 \cdot 7}_{\text{Produkt}}$

Wird eine Zahl mehrmals mit sich selbst multipliziert, kann man dieses Produkt auch kürzer als **Potenz** schreiben.

$5 \cdot 5 \cdot 5 = 5^3$ *Sprich: „5 hoch 3".*

Beim Potenzieren gibt es zwei Besonderheiten:
1. Eine Zahl hoch 1 ist immer die Zahl selbst. $2^1 = 2$
2. Eine Zahl hoch 0 ist immer 1. $4^0 = 1$

Wie beim Addieren darf man beim Multiplizieren die **Faktoren vertauschen**, da sich der Wert des Produkts dadurch nicht ändert.

$2 \cdot 3 = 6$
$3 \cdot 2 = 6$

Besonderheiten beim Multiplizieren mit 0

1. **Multiplizieren mit 0**
   Ist ein Faktor 0, also multiplizierst du eine Zahl mit 0, so ist das Ergebnis, das Produkt, immer 0.
   $12 \cdot 0 = 0$
   $8 \cdot 3 \cdot 0 = 0$

2. **Multiplizieren mit Zehnerzahlen**
   Musst du eine Zahl mit einer Zehnerzahl multiplizieren, kannst du einfach den Faktor nehmen und so viele **Nullen anhängen**, wie die Zehnerzahl Nullen hat.
   $63 \cdot 200$
   Rechne $63 \cdot 2 = 126$ und hänge an das Ergebnis zwei Nullen (Hundert hat zwei Nullen) an:
   $63 \cdot 2 = 126$, also
   $63 \cdot 200 = 12600$

41 ★☆ **Berechne im Kopf. Schreibe das Ergebnis in die Lücke.**

a) 2 · 1000 = ______

b) 14 · 100 = ______

c) 36 · 10 = ______

d) 123 · 10 = ______

e) 579 · 100 = ______

f) 28 · 1000 = ______

42 ★☆ **Berechne im Kopf und bilde die entsprechenden Paare.**

a) 3 · 20 = 60
3 · 200 = ______
3 · 2000 = ______

b) 9 · 40 = ______
______
______

c) 8 · 70 = ______
______
______

d) 7 · 60 = ______
______
______

e) 12 · 30 = ______
______
______

f) 15 · 50 = ______
______
______

g) 14 · 90 = ______
______
______

h) 22 · 80 = ______
______
______

43 ★☆ **Berechne im Kopf und notiere das Ergebnis.**

a) $12 \cdot 20$ = ______ b) $24 \cdot 30$ = ______

c) $35 \cdot 40$ = ______ d) $42 \cdot 50$ = ______

e) $67 \cdot 70$ = ______ f) $93 \cdot 20$ = ______

g) $17 \cdot 200$ = ______ h) $51 \cdot 300$ = ______

i) $33 \cdot 600$ = ______ j) $72 \cdot 500$ = ______

44 ★☆ **Ergänze zuerst die Lücken und berechne dann im Kopf.**

a) $72 \cdot 5 = \square \cdot 5 + \square \cdot 5 =$ ______

b) $8 \cdot 64 = 8 \cdot \square + 8 \cdot \square =$ ______

c) $33 \cdot 9 = \square \cdot 9 + \square \cdot 9 =$ ______

d) $58 \cdot 7 = 7 \cdot \square + 7 \cdot \square =$ ______

45 ★☆ **Berechne im Kopf.**

a) $19 \cdot 6$ = ______  b) $15 \cdot 3$ = ______ c) $14 \cdot 9$ = ______

d) $22 \cdot 5$ = ______ e) $35 \cdot 7$ = ______ f) $48 \cdot 4$ = ______

46 ★☆ **Schreibe in Potenzschreibweise und berechne den Wert.**

a) $6 \cdot 6$ = ______ = ______

b) $7 \cdot 7 \cdot 7$ = ______

c) $2 \cdot 2 \cdot 2 \cdot 2 \cdot 2 \cdot 2 \cdot 2$ = ______

47 ★☆ **Verbinde jeweils eine Aufgabe mit einer Lösung.**

$24 \cdot 3$ | $13 \cdot 6$ | $28 \cdot 3$ | $8 \cdot 12$ | $43 \cdot 3$ | $33 \cdot 3$

129 |  84 | 99 | 72 | 96 | 78

Tipp

So kannst du zweistellige Zahlen im Kopf multiplizieren

Berechne $21 \cdot 15$.

1. **Zerlege** den 2. Faktor in seine Stufenzahlen, also in Zehner und Einer.

$15 = 10 + 5$

2. Multipliziere dann den 1. Faktor mit dem Zehner und den 1. Faktor mit dem Einer und zähle die beiden Teilergebnisse zusammen.

Rechne also

$$\underbrace{21 \cdot 10} + \underbrace{21 \cdot 5}$$
$$= \underbrace{210 \quad + \quad 105}$$
$$= 315$$

Tipp:
Es hilft, wenn du leise die einzelnen Schritte aufsagst.

„15 ist 10 plus 5.
Also 21 mal 10 ist 210
und 21 mal 5 ist 105.
210 plus 105 sind 315."

Mithilfe dieses „Tricks" kannst du alle zweistelligen Zahlen multiplizieren, insbesondere das „große Einmaleins".

48 ★☆ **Multipliziere im Kopf. Zur Übung darfst du hier die Zwischenschritte aufschreiben.**

a) $13 \cdot 14$

$= 13 \cdot 10 + 13 \cdot 4$

$= 130 + 52$

= ______

b) $14 \cdot 16$

= ______ + ______

= ______ + ______

= ______

c) $18 \cdot 11$

= ______ + ______

= ______ + ______

= ______

d) $21 \cdot 15$

= ______ + ______

= ______ + ______

= ______

e) $24 \cdot 12$

= ______ + ______

= ______ + ______

= ______

f) $25 \cdot 13$

= ______ + ______

= ______ + ______

= ______

49 Multipliziere im Kopf. Zur Übung darfst du hier die Zwischenschritte aufschreiben.

a) 13^2 = *13 · 13*
= ______ + ______
= ______ + ______
= ______________

b) 16^2 = ______ · ______
= ______ + ______
= ______ + ______
= ______________

c) 17^2 = ______ · ______
= ______ + ______
= ______ + ______
= ______________

d) 22^2 = ______ · ______
= ______ + ______
= ______ + ______
= ______________

e) 15^2 = ______ · ______
= ______ + ______
= ______ + ______
= ______________

f) 24^2 = ______ · ______
= ______ + ______
= ______ + ______
= ______________

g) 19^2 = ______ · ______
= ______ + ______
= ______ + ______
= ______________

h) 23^2 = ______ · ______
= ______ + ______
= ______ + ______
= ______________

50 Schreibe dir jeden Tag 10 Aufgaben aus dem großen Einmaleins auf, und berechne sie im Kopf.

51 Schreibe alle Quadratzahlen von 1^2 bis 25^2 auf, und berechne sie im Kopf.

52 Berechne im Kopf. Hier darfst du Zwischenergebnisse notieren.

a) 12 · 13 = ______ b) 23 · 16 = ______ c) 36 · 21 = ______

d) 25 · 18 = ______ e) 17 · 22 = ______ f) 15 · 18 = ______

53 ★☆ **Berechne im Kopf. Denke an die Nullen.**

a) $13 \cdot 10 =$ ______ b) $10 \cdot 230 =$ ______

c) $54 \cdot 100 =$ ______ d) $100 \cdot 33 =$ ______

e) $122 \cdot 1000 =$ ______ f) $1000 \cdot 69 =$ ______

54 ★☆ **Berechne im Kopf.**

a) $20 \cdot 30 =$ ______ b) $60 \cdot 5 =$ ______

c) $180 \cdot 4 =$ ______ d) $1200 \cdot 6 =$ ______

e) $500 \cdot 70 =$ ______ f) $440 \cdot 50 =$ ______

55 ★☆ **Berechne geschickt im Kopf. Nutze Rechenvorteile.**

a) $2 \cdot 38 \cdot 5 =$ ______ b) $6 \cdot 7 \cdot 5 \cdot 3 =$ ______

c) $4 \cdot 21 \cdot 5 =$ ______ d) $25 \cdot 8 \cdot 4 =$ ______

56  **Berechne, indem du einen Faktor zerlegst.**

a) $13 \cdot 17 =$ ______ b) $42 \cdot 15 =$ ______

c) $28 \cdot 3 =$ ______ d) $9 \cdot 39 =$ ______

 **57** ★☆ **Berechne wie in a).**

a) $20 \cdot 17 \cdot 5 = 20 \cdot 5 \cdot 17 = 100 \cdot 17 = 1700$

b) $2 \cdot 14 \cdot 5 =$ ______

c) $18 \cdot 4 \cdot 5 =$ ______

d) $25 \cdot 12 \cdot 4 =$ ______

e) $125 \cdot 12 \cdot 8 \cdot 5 =$ ______

Dividieren

Tipp

Der Fachbegriff für eine Rechnung, in der eine Zahl durch eine andere Zahl geteilt wird, ist **Division**. Statt teilen sagt man auch **dividieren**.

Bei einer Division kommt es auf die Reihenfolge an. Deshalb haben die Zahlen unterschiedliche Namen. Die erste Zahl heißt **Dividend**, die zweite Zahl, durch die geteilt wird, ist der **Divisor**. Die Rechnung heißt **Quotient**, das Ergebnis **Wert des Quotienten** oder auch kurz Quotient.

161	:	7	=	23
Dividend		Divisor		Wert des Quotienten
Quotient				

Das kannst du dir so merken: Im Alphabet kommt Dividend vor Divisor.

So kannst du eine größere Zahl durch eine einstellige Zahl im Kopf dividieren

Berechne 126 : 7 im Kopf.

1. Zerlege den Dividend in eine Zahl, die du schnell als durch den Divisor teilbar erkennst, und einen Rest.
   126 = 70 + 56
2. Dividiere dann nacheinander diese beiden Zahlen durch den Divisor und zähle die beiden Teilergebnisse zusammen.
   Rechne also
   70 : 7 = 10
   56 : 7 = 8
   10 + 8 = 18,
   also 126 : 7 = 18

Tipp:
Es hilft dir, wenn du dir leise die einzelnen Schritte aufsagst (oder aufschreibst).

Teilbarkeitsregeln

Um möglichst schnell zu erkennen, ob sich eine natürliche Zahl durch eine andere teilen lässt, gibt es ein paar hilfreiche Teilbarkeitsregeln.

Eine natürliche Zahl ist teilbar durch …
… **2**, wenn ihre letzte Ziffer eine 0, 2, 4, 6 oder 8 ist
… **3**, wenn ihre Quersumme durch 3 teilbar ist
… **4**, wenn ihre letzten beiden Ziffern eine durch 4 teilbare Zahl bilden
… **5**, wenn ihre letzte Ziffer eine 0 oder eine 5 ist
… **6**, wenn sie sowohl durch 2 als auch durch 3 teilbar ist
… **8**, wenn ihre letzten drei Ziffern eine durch 8 teilbare Zahl bilden
… **9**, wenn ihre Quersumme eine durch 9 teilbare Zahl ist
… **10**, wenn ihre letzte Ziffer eine 0 ist

Die Quersumme einer natürlichen Zahl ist die Summe aller Ziffern,
z. B. Quersumme von 325: 3 + 2 + 5 = 10.
Für die Zahl 7 gibt es leider keine Regel.

Dividiere im Kopf. Zur Übung sollst du hier die Zwischenschritte aufschreiben.

a) 424 : 4

424 = 400 + 24; ich rechne also

400 : 4 = 100 und

24 : 4 = 6

100 + 6 = 106,

also 424 : 4 = 106

b) 91 : 7

91 = ____________; ich rechne also

____________ und

____

____________,

also 91 : 7 = ____________

c) 54 : 3

54 = ____________; ich rechne also

____________ und

____

____________,

also 54 : 3 = ____________

d) 152 : 8

152 = ____________; ich rechne also

____________ und

____

____________,

also 152 : 8 = ____________

e) 164 : 4

164 = ____________; ich rechne also

____________ und

____

____________,

also 164 : 4 = ____________

f) 252 : 6

252 = ____________; ich rechne also

____________ und

____

____________,

also 252 : 6 = ____________.

g) 279 : 9

279 = ____________; ich rechne also

____________ und

____

____________,

also 279 : 9 = ____________

h) 335 : 5

335 = ____________; ich rechne also

____________ und

____

____________,

also 335 : 5 = ____________

Tipp

Besonderheiten beim Dividieren

1. **0 durch eine Zahl dividieren**
   Wenn man 0 durch eine andere Zahl (außer 0) teilt, erhält man als Ergebnis 0.
   0 : 72 = 0

2. **Durch 0 dividieren**
   Achtung: Durch 0 darf man **nicht** dividieren!
   69 : 0 geht nicht!

3. **Dividieren durch 10, 100, 1000, ...**
   Wenn du eine Stufenzahl durch 10 dividierst, streichst du bei dieser Zahl einfach eine Null weg, bei 100 zwei Nullen usw.
   120̸ : 10̸ = 12
   23 90̸0̸ : 10̸0̸ = 239

4. **Dividieren durch eine Zehnerzahl, Hunderterzahl, ...**
   Streiche bei beiden Zahlen **gleich viele** Nullen weg und rechne dann.
   320̸0̸ : 80̸0̸ = 32 : 8 = 4
   3050̸ : 50̸ = 305 : 5 = 61

5. **Endnullen beim Dividieren**
   Hat der Dividend als letzte Ziffern Nullen und geht die Rechnung ohne die Nullen bei der Division auf, kannst du die Nullen zum Rechnen weglassen und einfach an das Ergebnis anhängen.
   2400 : 8
   Rechne 24 : 8 = 3, also
   2400 : 8 = 300

59 ★☆ **Berechne im Kopf. Schreibe das Ergebnis in die Lücke.**

a) 200 : 10 = ____________

b) 140 : 10 = ____________

c) 360 : 10 = ____________

d) 1230 : 10 = ____________

e) 5700 : 100 = ____________

f) 2800 : 100 = ____________

Berechne im Kopf und bilde die entsprechenden Paare.

a) 6 : 2 = 3
60 : 20 = ______
600 : 200 = ______

b) 15 : 3 = ______
______
______

c) 84 : 7 = ______
______
______

d) 42 : 6 = ______
______
______

e) 120 : 3 = ______
______
______

f) 15 : 5 = ______
______
______

g) 54 : 9 = ______
______
______

h) 112 : 8 = ______
______
______

Berechne im Kopf und notiere das Ergebnis.

a) 120 : 20 = ______
b) 240 : 30 = ______
c) 360 : 40 = ______
d) 450 : 50 = ______
e) 630 : 70 = ______
f) 200 : 20 = ______
g) 1800 : 200 = ______
h) 5100 : 300 = ______
i) 3000 : 600 = ______
j) 7500 : 500 = ______

62 ★☆ **Welche Zahl muss hier mal 10 oder 100 gerechnet werden? Berechne im Kopf und ergänze die passende Zahl.**

a) 15 $\underset{:10}{\overset{\cdot 10}{\rightleftarrows}}$ ______

b) 23 $\underset{:10}{\overset{\cdot 10}{\rightleftarrows}}$ ______

c) 37 $\underset{:10}{\overset{\cdot 10}{\rightleftarrows}}$ ______

d) 146 $\underset{:10}{\overset{\cdot 10}{\rightleftarrows}}$ ______

e) 15 $\underset{:100}{\overset{\cdot 100}{\rightleftarrows}}$ ______

f) 1683 $\underset{:100}{\overset{\cdot 100}{\rightleftarrows}}$ ______

63 ★★ **Berechne im Kopf.**

a) 54 : 3 = ______

b) 84 : 7 = ______

c) 85 : 5 = ______

d) 64 : 4 = ______

e) 104 : 8 = ______

f) 125 : 5 = ______

g) 84 : 6 = ______

h) 189 : 3 = ______

64 ★★ **Berechne im Kopf.**

a) 0 : 9 = ______

b) 280 : 40 = ______

c) 3500 : 500 = ______

d) 4000 : 80 = ______

e) 12 000 : 3000 = ______

f) 44 000 : 400 = ______

g) 8 : 0 = ______

h) 2100 : 50 = ______

Tipp

Multiplizieren und Dividieren sind **entgegengesetzte Rechenarten**, d.h. das Multiplizieren einer Zahl kann durch Division der gleichen Zahl **rückgängig** gemacht werden.
Umgekehrt kann die Division einer Zahl durch Multiplikation der gleichen Zahl rückgängig gemacht werden.
Dies nennt man auch **Umkehrrechnen.**

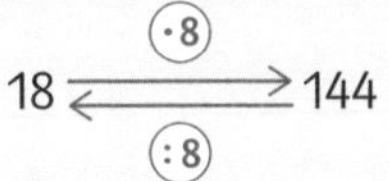

18 ⊙ 8 = 144
144 ⊙ 8 = 18

So kannst du fehlende Zahlen im Kopf berechnen

Forme die Rechnung durch Rückwärts- bzw. Umkehrrechnen so um, dass das Kästchen bzw. die fehlende Zahl **alleine** steht.

Berechne die fehlende Zahl.

a) □ ⊙ 8 = 112
112 ⊙ 8 = □ umkehren und Rechenzeichen vertauschen

Rechne: 112 : 8
80 : 8 = 10
32 : 8 = 4
Also 112 : 8 = 10 + 4 = 14

Beachte:
Die fehlende Zahl sollte immer die erste Zahl sein. Deshalb kannst du diese Tricks anwenden:

1. Beim Multiplizieren darfst du die **Faktoren vertauschen**.

b) 9 ⊙ □ = 135
vertauschen
□ ⊙ 9 = 135
umkehren
135 ⊙ 9 = □
135 ⊙ 9 = 15

2. Ist die fehlende Zahl der Divisor, benötigst du drei Rechenschritte:
   - umkehren
   - vertauschen
   - umkehren

c) 112 ⊙ □ = 7
Umkehrrechnung
7 ⊙ □ = 112
vertauschen
□ ⊙ 7 = 112
Umkehrrechnung
112 ⊙ 7 = □
112 ⊙ 7 = 16

Berechne die fehlende Zahl.

a) ___ · 5 = 75 b) 12 · ___ = 132

c) ___ · 13 = 117 d) 136 : ___ = 17

★☆ **Lars hatte es wohl eilig bei den Hausaufgaben. Kontrolliere seine Aufgaben und korrigiere Fehler.**

a) 13 · 6 = 78 b) 221 : 17 = 12

c) 16 · 12 = 194 d) 126 : 18 = 7

e) 336 : 16 = 21 f) 148 : 4 = 36

Tipp
Schreibe ___ für die fehlende Zahl.

★☆ **Schreibe zu den Aufgaben jeweils eine Rechnung und berechne die fehlende Zahl im Kopf.**

a) Eine Zahl wurde mit 15 multipliziert, das Ergebnis ist 90.

b) Der neunte Teil einer Zahl ist 14. Um welche Zahl handelt es sich?

c) Der Quotient ist 22, der Divisor ist 7. Wie lautet der Dividend?

d) Der Quotient von 156 und einer Zahl ist 6. Um welche Zahl handelt es sich?

Vermischte Aufgaben zum Multiplizieren und Dividieren

Berechne im Kopf.

a) $6 \cdot 15$ = ________
b) $40 \cdot 50$ = ________
c) $13 \cdot 8$ = ________
d) $72 : 24$ = ________
e) $80 : 5$ = ________
f) $12 \cdot 13$ = ________
g) $195 : 15$ = ________
h) $25 \cdot 11$ = ________
i) $84 : 6$ = ________
j) $0 : 17$ = ________

Vervollständige die Tabellen.

1. Faktor	8	7		15
2. Faktor	12		13	
Produkt		84	117	225

Dividend	81	32		156
Divisor	3		5	
Quotient		8	120	13

Schreibe die Rechnung und das Ergebnis auf.

a) Was ist das Vierfache der Zahl 17?

____

b) Eine Zahl wurde mit 15 multipliziert, das Ergebnis ist 90.

____

c) Der neunte Teil einer Zahl ist 14. Um welche Zahl handelt es sich?

____

d) Der Quotient ist 22, der Divisor 7. Wie lautet der Dividend?

____

71 ★★

Begründe.

> **Tipp**
> Berechne mit Beispielen und vergleiche dann die Ergebnisse.

a) Wie ändert sich das Produkt zweier Faktoren, wenn man einen der beiden Faktoren verdoppelt?

____

____

b) Wie ändert sich das Produkt zweier Faktoren, wenn man einen Faktor verdoppelt und den anderen halbiert?

____

____

c) Wie ändert sich der Quotient zweier Zahlen, wenn man den Dividend verdoppelt und den Divisor halbiert?

____

____

Max hat eine Zeitschrift abonniert und zahlt jährlich 35 €. Svenja kauft sich jeden Monat zweimal die aktuelle Ausgabe für 1,50 €. Für welche Variante würdest du dich entscheiden? Begründe.

____

____

Verknüpfung der Grundrechenarten

Tipp

Ein **Term** ist ein **Rechenausdruck**. Er kann aus beliebig vielen Zahlen, Rechenarten und Klammern bestehen. Das Ergebnis der Rechnung wird auch **Wert des Terms** genannt. Die **Vorrangregeln** geben an, wie bzw. in welcher Reihenfolge ein Term berechnet werden muss.

Diese Vorrangregeln musst du können

1. Was in **Klammern** steht, wird **zuerst** berechnet.
   Gibt es mehrere Klammern, musst du zuerst die innerste Klammer berechnen.

   Beispiele:

   $58 - (20 \cdot 2) = 58 - 40 = 18$ (Klammer zuerst)

   $3 + (7 - (6 - 4)) = 3 + (7 - 2) = 3 + 5 = 8$ (innere Klammer zuerst; äußere Klammer)

2. **Punkt vor Strich**
   Kommen in einem Term Punkt- und Strichrechnungen vor, gilt **Punkt vor Strich**, d.h. zuerst wird multipliziert oder dividiert, dann erst addiert oder subtrahiert.

   Beispiel: $84 - 6 \cdot 9 = 84 - 54 = 30$ (Punkt vor Strich)

   Potenzen zählen zur Punktrechnung, da sie nur eine andere Schreibweise für eine Multiplikation sind.

3. **Von links nach rechts**
   Besteht ein Term ausschließlich aus Strichrechnungen oder nur aus Punktrechnungen, dann rechnet man **von links nach rechts**.

   Beispiele: $45 + 56 - 78 = 101 - 78 = 23$ (von links nach rechts)

   $42 : 7 \cdot 12 = 6 \cdot 12 = 72$ (von links nach rechts)

Als Kombination dieser drei Regeln erhältst du die allgemeine Vorrangregel **Klammer vor Punkt vor Strich**, kurz **KlaPS**.

Beispiel:

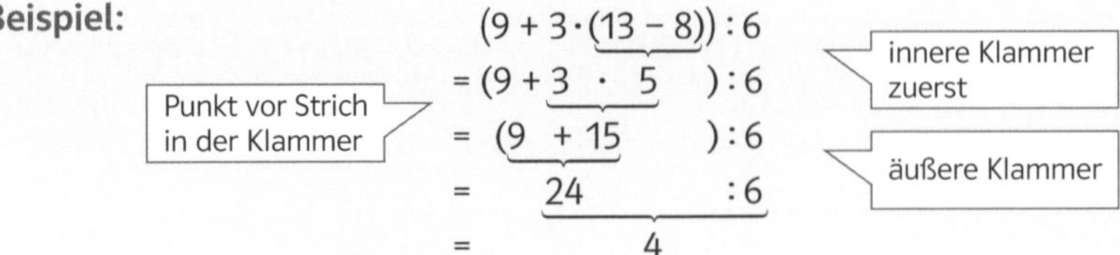

73 ★☆

Berechne. Beachte die Klammerregel!

a) $8 \cdot (3 + 6) =$ ______ b) $72 - (35 - 13) =$ ______

c) $182 + (43 - 13) =$ ______ d) $56 : (32 - 28) =$ ______

e) $280 - (120 - (83 - 43)) =$ ______ f) $(13 - 5) \cdot (11 + 2) =$ ______

74 ★☆

Berechne. Beachte: Punkt vor Strich!

a) $3 \cdot 6 - 12 =$ ______ b) $37 + 4 \cdot 2 =$ ______

c) $21 + 4 \cdot 12 =$ ______ d) $12 + 3 \cdot 4 - 5 =$ ______

e) $95 - 45 : 3 =$ ______ f) $12 \cdot 8 - 9 \cdot 4 =$ ______

75 ★☆

Berechne. Beachte: links vor rechts!

a) $4 \cdot 20 : 8 =$ ______ b) $12 + 84 - 36 =$ ______

c) $96 - 43 + 17 =$ ______ d) $4 \cdot 5 \cdot 8 : 4 =$ ______

e) $36 : 9 \cdot 15 : 3 =$ ______  f) $45 + 56 - 67 + 78 =$ ______

76  ★☆

Berechne. Beachte: KlaPS!

a) $3 \cdot (15 - 2 \cdot 3) =$ ______ b) $96 : (12 + 4 \cdot 9) =$ ______

c) $14 \cdot 2 + (7 - 3) \cdot 4 =$ ______ d) $(48 + 42) : (27 - 12) =$ ______

e) $45 : 3 + 25 \cdot 3 =$ ______ f) $(18 + 4 \cdot (22 - 14)) + 33 =$ ______

 **77**  ★☆

Ergänze die fehlenden Zahlen.

a) $4 \cdot (36 -$ ______ $) = 84$ b) $22 + 4 \cdot$ ______ $= 78$

c) $6 \cdot$ ______ $- 7 = 17$ d) $5 \cdot (8 - 2) \cdot$ ______ $= 240$

 **78** ★☆

Bei diesen Aufgaben sind die Klammern vergessen worden. Setze Klammern so, dass das Ergebnis stimmt.

a) $3 \cdot 6 - 5 \cdot 2 = 6$ b) $3 \cdot 6 - 5 \cdot 2 = 6$ c) $15 \cdot 14 - 13 - 1 = 0$

2 Kopfrechnen mit ganzen Zahlen

Addieren und Subtrahieren

Tipp

So kannst du ganze Zahlen addieren und subtrahieren

Grundlage ist immer die Addition und Subtraktion von positiven Zahlen.

Addition und Subtraktion einer positiven Zahl

Man **addiert** eine positive Zahl, indem man auf dem Zahlenstrahl **nach rechts** geht.

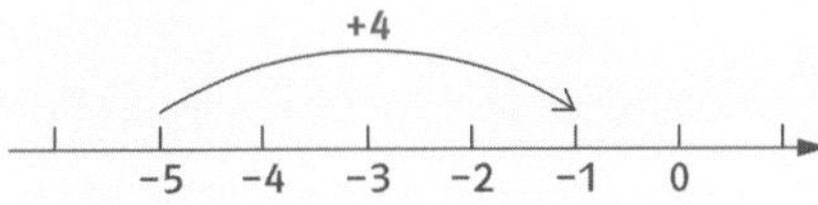

$-5 \oplus 4 = -1$
„schaue **nach rechts**"
„gehe 4 weiter"
Zähle also von −5 aus 4 weiter.
Statt +4 kann man +(+4) schreiben.

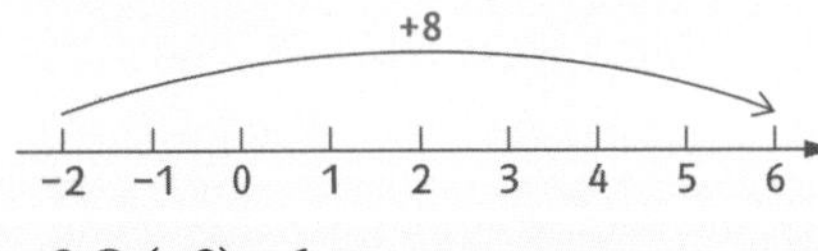

$-2 \oplus (+8) = 6$

Man **subtrahiert** eine positive Zahl, indem man auf dem Zahlenstrahl in entgegengesetzte Richtung **nach links** geht.

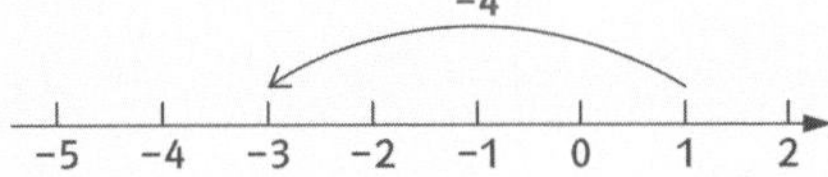

$1 \ominus 4 = -3$
„schaue **nach links**"
„gehe 4 weiter"
Zähle also von 1 aus 4 zurück.
Statt −4 kann man auch −(+4) schreiben.

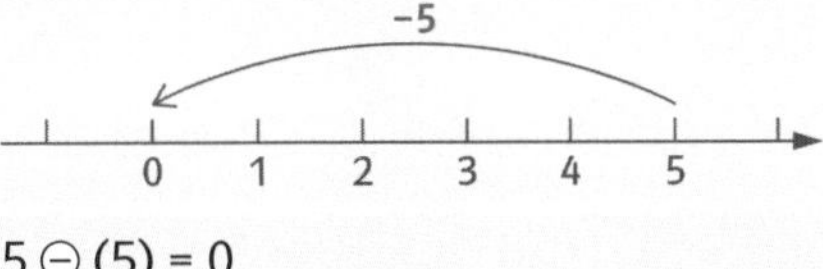

$5 \ominus (5) = 0$

Addition und Subtraktion einer negativen Zahl

Man **addiert** eine **negative** Zahl, indem man auf dem Zahlenstrahl in **negative** Richtung, also **nach links** geht.

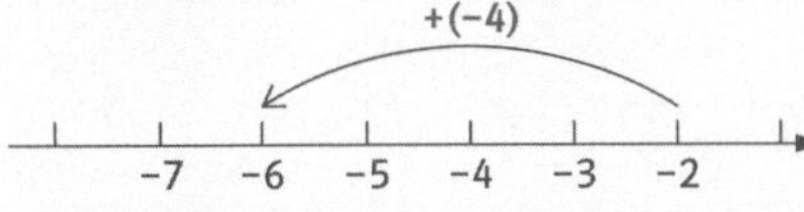

$-2 \oplus (-4) = -6$
„schaue **nach rechts**"
„gehe 4 zurück"
Zähle also von −2 aus 4 zurück

Man **subtrahiert** eine **negative** Zahl, indem man auf dem Zahlenstrahl in die entgegengesetzte Richtung, also in **positive** Richtung **nach rechts** geht.

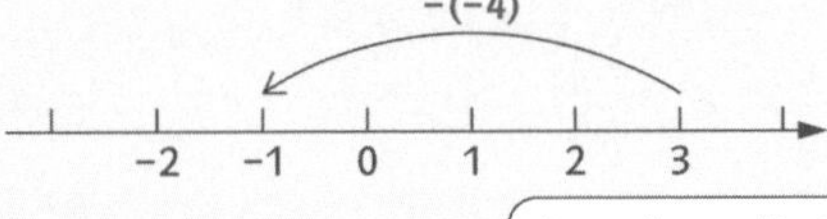

$-1 \ominus (-4) = 3$
„schaue **nach links**"
„gehe 4 zurück"
Zähle also von −1 aus 4 weiter.

Um die zweite Zahl mit dem Vorzeichen musst du eine Klammer schreiben, da nicht zwei Rechenzeichen direkt aufeinander treffen dürfen.

Tipp

So kannst du Addition und Subtraktion von ganzen Zahlen vereinfacht schreiben

Wie du bei den Pfeildiagrammen erkennen kannst, gibt es zwei Richtungen, in die man gehen kann: **nach rechts** und **nach links**:

+(+4) bedeutet das gleiche wie −(−4), nämlich +4.
+(−4) bedeutet das gleiche wie −(+4), nämlich −4.

Deshalb kannst du Rechnungen verkürzt schreiben:

5 + (+6) = 5 + 6 — Aus ⊕ (⊕…) wird ⊕
5 − (−6) = 5 + 6 — Aus ⊖ (⊖…) wird ⊕
5 − (+6) = 5 − 6 — Aus ⊖ (⊕…) wird ⊖
5 + (−6) = 5 − 6 — Aus ⊕ (⊖…) wird ⊖

Beispiele:
a) −7 + (+13) = −7 + 13
b) −20 + (−15) = −20 − 15
c) −25 − (−15) = −25 + 15

Folgende Tipps können dir beim Rechnen helfen

Aufgabenart	Tipp
Beide Zahlen haben das **gleiche** Vorzeichen bzw. Rechenzeichen: ⊖5 ⊖12	Addiere beide Zahlen und schreibe das gemeinsame Zeichen vor das Ergebnis. Rechne: 5 + 12 = 17, also ⊖5 ⊖12 = ⊖17
Beide Zahlen haben ein **unterschiedliches** Vorzeichen bzw. Rechenzeichen: ⊖7 ⊕13 5 ⊖ 20 ⊖30 + 18	Lass zum Rechnen die Zeichen weg. Subtrahiere die kleinere Zahl von der größeren Zahl. Schreibe vor das Ergebnis das Zeichen der größeren Zahl. Rechne: 13 − 7 = 6 Ergebnis: ⊖7 ⊕ 13 = ⊕6 = 6 Rechne: 20 − 5 = 15 Ergebnis: 5 ⊖ 20 = ⊖15 Rechne: 30 − 18 = 12 Ergebnis: ⊖30 + 18 = ⊖12

2 Kopfrechnen mit ganzen Zahlen

1 Berechne im Kopf.

a) $-5 + 8 =$ ______ b) $27 - 43 =$ ______

c) $-25 - 13 =$ ______ d) $64 + 27 =$ ______

e) $12 - 128 =$ ______ f) $-43 - 88 =$ ______

g) $-121 + 77 =$ ______ h) $43 - 97 =$ ______

2 Schreibe in der vereinfachten Schreibweise und berechne dann im Kopf.

a) $-35 + (+28) =$ ______

b) $14 - (+19) =$ ______

c) $-20 + (-35) =$ ______

d) $-7 - (-12) =$ ______

3 Berechne.

a) $-25 + (+32) =$ ______ b) $34 + (-19) =$ ______

c) $-30 - (+15) =$ ______ c) $-13 - (-17) =$ ______

4 Ergänze die fehlenden Zahlen. Rechne dazu rückwärts.

a) $-25 -$ ______ $= -30$ b) $-15 -$ ______ $= -5$

c) $16 +$ ______ $= 11$ d) $4 -$ ______ $= 12$

e) ______ $- 8 = -17$ f) ______ $- 21 = -4$

g) ______ $- (-30) = 18$ h) ______ $+ (-25) = -50$

i) ______ $- (+27) = 10$

Setze für ▭ eine passende Zahl ein.

a) − 25 + ▭ = − 30

b) − 15 + ▭ = − 5

c) + 16 + ▭ = + 11

d) + 4 − ▭ = + 12

e) ▭ − (+ 8) = + 17

f) ▭ + (− 21) = − 4

g) ▭ − (− 30) = + 18

h) ▭ − (− 25) = ▭

Fülle die Tabellen aus.

a)

	+	+ 25		− 85
Startzahl	− 14	+ 11		
	+ 48		0	
				− 33

b)

	−	− 41	+ 15	
Startzahl	− 24		− 39	
	− 5			+ 12
			+ 21	

7 ★☆ **Sind die Aussagen wahr oder falsch? Begründe.**

a) Die Summe von zwei ganzen Zahlen kann positiv oder negativ sein.

____

b) Die Summe von zwei ganzen Zahlen ist größer als der erste Summand.

____

c) Wenn du eine negative Zahle addierst, erhältst du dasselbe Ergebnis, wie wenn du ihre Gegenzahl subtrahierst.

____

d) Die Summe von zwei ganzen Zahlen ist immer größer als 2.

____

Tipp

Verbindung von Addition und Subtraktion

Einen Rechenausdruck ohne Klammern berechnest du, indem du von links nach rechts rechnest: $-25 + 19 - 5 = -6 - 5 = -11$

Einen Rechenausdruck mit Klammern berechnest du, indem du zuerst die Klammern berechnest: $17 - (5 - 35) = 17 - (-30) = 17 + 30 = 47$

8 ★★ **Berechne.**

a) $65 + 51 - 36 =$ __________ b) $-21 - 47 + 68 =$ __________

c) $-22 + 33 - 55 =$ __________ d) $51 + (12 - 25) =$ __________

e) $29 - (-4 - 15) =$ __________ f) $(-7 + 26) + (8 - 30) =$ __________

9 Schreibe zuerst einen Rechenausdruck und berechne dann im Kopf.

a) Addiere die Summe aus 17 und −24 zur Summe aus −15 und −5.

____

b) Subtrahiere die Differenz 25 − 100 von der Summe aus −75 und +25.

____

c) Addiere die Differenz 78 − 90 zur Differenz 31 − 16.

____

d) Subtrahiere die Summe aus 14 und −50 von der Differenz 56 − 25.

____

10 Kontrolliere diese Rechnungen. Wenn du Fehler findest, verbessere sie.

a) $(25 - 65) + 48 = -40 + 48 = 8$ ______________________

b) $(58 - 35) + (-25 + 55) = -23 + 30 = 7$ ______________________

c) $48 - (21 - 72) = 48 - 51 = -3$ ______________________

d) $25 - 45 + 26 - 38 = -20 + 26 = 6 - 38 = -32$ ______________________

11 Beschrifte die leeren Kästchen.

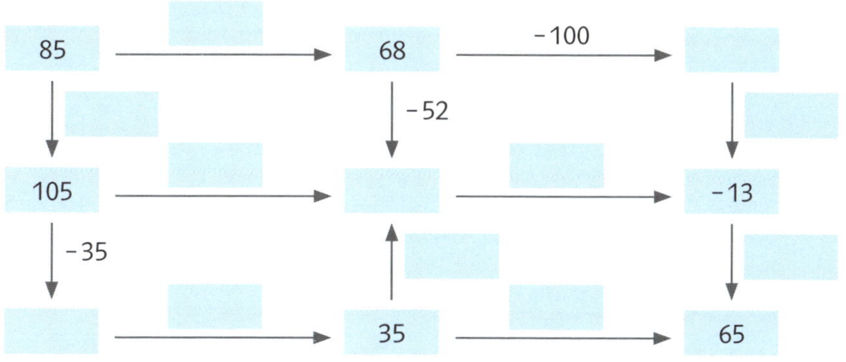

Multiplizieren und Dividieren

Tipp

Vorzeichenregeln für die Multiplikation von ganzen Zahlen

Für die **Multiplikation** von zwei ganzen Zahlen gilt:

- Das Produkt aus zwei **positiven** Zahlen ist **positiv**.
  kurz: ⊕ mal ⊕ ist ⊕

  Beispiele:
  $15 \cdot 7 = 105$ $+9 \cdot (+11) = 9 \cdot 11 = 99$

- Das Produkt aus zwei **negativen** Zahlen ist **positiv**.
  kurz: ⊖ mal ⊖ ist ⊕

  Beispiele:
  $-15 \cdot (-7) = 105$ $-9 \cdot (-11) = -99$

- Das Produkt aus einer **positiven** und einer **negativen** Zahl ist **negativ**.
  kurz: ⊕ mal ⊖ ist ⊖ und ⊖ mal ⊕ ist ⊖

  Beispiele:
  $-15 \cdot 7 = -105$ $9 \cdot (-11) = 99$

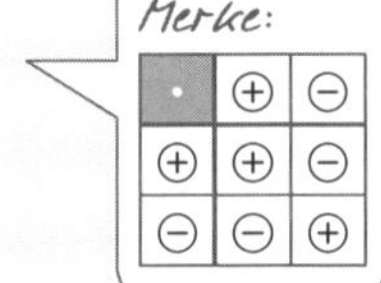
Merke:

·	⊕	⊖
⊕	⊕	⊖
⊖	⊖	⊕

Vorzeichenregeln für die Division von ganzen Zahlen

Für die **Division** von zwei ganzen Zahlen gilt:

- Der Quotient aus zwei **positiven** Zahlen ist **positiv**.
  kurz: ⊕ geteilt durch ⊕ ist ⊕

  Beispiele:
  $128 : 8 = 16$ $+132 : (+12) = 11$

- Der Quotient aus zwei **negativen** Zahlen ist positiv.
  kurz: ⊖ geteilt durch ⊖ ist ⊕

  Beispiele:
  $-128 : (-8) = 16$ $-132 : (-12) = 11$

Merke:

:	⊕	⊖
⊕	⊕	⊖
⊖	⊖	⊕

- Der Quotient aus einer **positiven** und einer **negativen** Zahl ist **negativ**.
  kurz: ⊕ geteilt durch ⊖ ist ⊖ und ⊖ geteilt durch ⊕ ist ⊖

  Beispiele:
  $-128 : 8 = -16$ $132 : (-12) = -11$

Tipp

Für die Multiplikation bzw. Division (Punktrechnung) von ganzen Zahlen gilt:
Zähle die Anzahl der **negativen Vorzeichen** (⊖).
Ist die Anzahl **ungerade**, ist das Ergebnis **negativ**.
Ist die Anzahl **gerade**, ist das Ergebnis **positiv**.

Achte darauf, dass in der Rechnung nur Punktrechnungen vorkommen.

Beispiele:

a) $-4 \cdot 5 \cdot (-6) = 120$ — **Zwei** negative Vorzeichen, ⟶ das Ergebnis **positiv**.

b) $55 : (-11) \cdot 12 = -60$ — **Ein** negatives Vorzeichen, ⟶ das Ergebnis **negativ**.

c) $(-2) \cdot 3 \cdot (-4) \cdot (-5) = -120$ — **Drei** negative Vorzeichen, ⟶ das Ergebnis **negativ**.

So kannst du geschickt ganze Zahlen multiplizieren und dividieren

1. Bestimme zuerst mit den Vorzeichenregeln das Vorzeichen des Ergebnisses.
2. Rechne **ohne** Vorzeichen.
3. Setze vor das Ergebnis das richtige Vorzeichen.

Berechne $15 \cdot (-12)$.
⊕ mal ⊖ (oder **ein** ⊖),
das Ergebnis ist ⊖.
Rechne: $15 \cdot 12$
$= 15 \cdot 10 + 15 \cdot 2$
$= 150 + 30 = 180$
Ergebnis: $15 \cdot (-12) = -180$

So kannst du fehlende Zahlen berechnen

Forme die Rechnung durch Umkehrrechnung bzw. Rückwärtsrechnen so um, dass du die fehlende Zahl direkt berechnen kannst.
Wichtig ist, dass du das **Vorzeichen** beachtest und **nicht vergisst**!

Beachte:
Umkehren heißt auch immer **Rechenzeichen umkehren**!

Berechne die fehlende Zahl.

a) $-16 \odot \square = 102$
vertauschen
$\square \odot (-16) = 102$
umkehren
$102 \oslash (-16) = \square$
$102 \oslash (-16) = -7$; also $\square = -7$

b) $56 \oslash \square = -8$
umkehren
$-8 \odot \square = 56$
vertauschen
$\square \odot (-8) = 56$
umkehren
$56 \oslash (-8) = \square$
$56 \oslash (-8) = -7$; also $\square = -7$

12 ★☆ **Welches Vorzeichen hat das Ergebnis? Kreuze an und berechne dann.**

	Ergebnis positiv	Ergebnis negativ	Ergebnis
$15 \cdot (-9)$	☐	☐	
$-11 \cdot 6$	☐	☐	
$-13 \cdot (-14)$	☐	☐	
$180 : (-15)$	☐	☐	
$-144 : (-9)$	☐	☐	
$4 \cdot (-5) \cdot (-6)$	☐	☐	
$-120 : (-12) \cdot (-8)$	☐	☐	

13  **Gib ohne Rechnung an, welches Vorzeichen das Ergebnis haben wird.**

a) $+5 \cdot (+9)$ ____ b) $(-110) \cdot 6$ ____ c) $-310 : (-71)$ ____

d) $+15 \cdot 0$ ____ e) $0 : 7$ ____ f) $30 : (-6)$ ____

14   **Berechne im Kopf.**

a) $18 \cdot (-11) =$ ______ b) $-12 \cdot 8 =$ ______

c) $-17 \cdot (-9) =$ ______ d) $-5 \cdot 2 \cdot 24 =$ ______

e) $-168 : 8 =$ ______ f) $-154 : (-7) =$ ______

g) $198 : (-9) =$ ______ h) $-240 : (-3) : (-5) =$ ______

15   **Berechne im Kopf.**

a) $(-110) : 10 =$ ______ b) $+8 \cdot (+9) =$ ______

c) $-65 : (-13) =$ ______ d) $+15 \cdot (-11) =$ ______

16   **Berechne die fehlende Zahl.**

a) ____ $\cdot (-16) = 80$ b) ____ $: (-12) = -7$ c) $25 \cdot$ ____ $= -125$

d) $-136 :$ ____ $= 8$ e) $-12 \cdot$ ____ $= 168$ f) ____ $: 8 = -14$

Tipp

Terme mit ganzen Zahlen werden nach den **Rechenregeln** für Terme und ganze Zahlen berechnet. Voraussetzungen sind also
- Vorrangregeln für das Rechen mit Termen,
- Rechenregeln für ganze Zahlen.

Diese Vorrangregeln gelten für das Rechnen mit allen Zahlen

1. Klammern zuerst berechnen.
2. Punkt (⊙ und ⊙) vor Strich (⊕ und ⊖)
3. von links nach rechts

$-7 \cdot (13 - 23)$
$= -7 \cdot (-10)$
$= 70$

KlaPS
- *Klammer*
- *Punkt*
- *Strich*

Beachte, dass du bei Teilergebnissen Klammern setzen musst! Zwei Rechenzeichen dürfen **nicht** direkt nebeneinander stehen.

$25 - 5 \cdot (-3)$
$= 25 - (-15)$
$= 40$

Ausmultiplizieren mit negativen Zahlen – die Minusklammer

Hier musst du besonders auf die **Vorzeichen** achten!

Für das Ausmultiplizieren gilt:
$a \cdot (b + c) = a \cdot b + a \cdot c$

$5 \cdot (-20 + 2)$
$= 5 \cdot (-20) + 5 \cdot 2$
$= -100 + 10 = -90$

Hier darfst du die Klammer weglassen!

Ist a eine negative Zahl, spricht man auch von einer **Minusklammer**. Dies gilt besonders dann, wenn **a = −1** ist.

$-8 \cdot (-20 - 2)$
$= -8 \cdot (-20) - (-8) \cdot 2$
$= 160 - (-16)$
$= 160 + 16 = 176$

oder

Eine Minusklammer kannst du umformen, indem du vor der Klammer das Minus (⊖) weglässt und in der Klammer die Vorzeichen **umdrehst**.

$-8 \cdot (-20 - 2)$
$= 8 \cdot (20 \oplus 2)$
$= 8 \cdot 20 + 8 \cdot 2$
$= 160 + 16 = 176$

Es gilt:
$-(b + c) = -b - c$

$-(20 + 5) = -20 - 5$
$-(-16 - 14) = 16 + 14$

17 ★☆ **Berechne im Kopf. Du darfst alle Zwischenschritte aufschreiben. Denke daran: Klammern zuerst!**

a) $-8 \cdot (4 + 7) =$ ______ b) $-72 - (-35 + 13) =$ ______

c) $-182 + (-43 + 13) =$ ______ d) $(-13 + 5) \cdot (11 - 2) =$ ______

e) $-56 : (32 - 28) =$ ______ f) $(-12 - 4) \cdot 4 =$ ______

18 ★☆ **Berechne im Kopf. Denke an Punkt vor Strich.**

a) $-3 \cdot 6 - 12 =$ ______ b) $37 + 4 \cdot (-2) =$ ______

c) $-41 + 4 \cdot (-12) =$ ______ d) $-24 + 3 \cdot 4 - 35 =$ ______

e) $-95 - 45 : (-3) =$ ______ f) $12 \cdot (-8) - 9 \cdot (-4) =$ ______

19 ★☆ **Berechne im Kopf. Denke an KlaPS.**

a) $-3 \cdot (15 - 2 \cdot (-3)) =$ ______

b) $-96 : (12 - 4 \cdot (-9)) =$ ______

c) $-14 \cdot 2 + (7 - 3) \cdot (-4) =$ ______

d) $(-48 - 42) : (-27 + 12) =$ ______

e) $-42 : 3 + 25 \cdot (-3) =$ ______

f) $-18 + 4 \cdot (-22 + 14) + 33 =$ ______

20 ★☆ **Berechne möglichst geschickt im Kopf.**

a) $-2 \cdot 14 \cdot 5 =$ ______ b) $-8 \cdot (-3) \cdot (-5) =$ ______

c) $14 \cdot (-2) \cdot (-5) \cdot (-1) =$ ______ d) $3 \cdot (-2) \cdot (-11) \cdot 5 =$ ______

e) $-25 \cdot 7 \cdot (-4) =$ ______ f) $5 \cdot (-12) \cdot (-4) =$ ______

21 ★☆ **Berechne möglichst geschickt im Kopf.**

a) $25 + 17 + 15 - 17 =$ ______ b) $34 - (19 - 5) + (-41) =$ ______

c) $85 + (-47) + (-35) =$ ______ d) $-112 + 45 + 12 - 15 =$ ______

1 Kopfrechnen mit natürlichen Zahlen

1

		+ 1	+ 10	+ 100	+ 1000
a)	28	29	38	128	1028
b)	93	94	103	193	1093
b)	126	127	136	226	1126
c)	725	726	735	825	1725
d)	1120	1121	1130	1220	2120
e)	2345	2346	2355	2445	3345

2 a) 765 + 10 = 775
765 + 30 = 795
765 + 70 = 835
765 + 90 = 855

b) 3456 + 20 = 3476
3456 + 40 = 3496
3456 + 60 = 3516
3456 + 80 = 3536

c) 974 + 100 = 1074
943 + 300 = 1243
943 + 500 = 1443
943 + 900 = 1843

d) 3579 + 200 = 3779
3579 + 400 = 3979
3579 + 600 = 4179
3579 + 800 = 4379

e) 8642 + 1000 = 9642
8642 + 3000 = 11 642
8642 + 5000 = 13 642
8642 + 9000 = 17 642

f) 9876 + 2000 = 11 876
9876 + 4000 = 13 876
9876 + 6000 = 15 876
9876 + 8000 = 17 876

3 a) 10 + 52 = 62
100 + 520 = 620
1000 + 5200 = 6200

b) 654 + 10 = 664
6540 + 100 = 6640
65 400 + 1000 = 664 000

c) 45 + 20 = 65
450 + 200 = 650
4500 + 2000 = 6500

d) 357 + 50 = 407
3570 + 500 = 4070
35 700 + 5000 = 40 700

e) 25 + 100 = 125
250 + 1000 = 1250
2500 + 10 000 = 12 500

f) 123 + 200 = 323
1230 + 2000 = 3230
12 300 + 20 000 = 32 300

4 a) 44 + 12
= 44 + 10 + 2
= 56

b) 66 + 19
= 66 + 10 + 9
= 85

c) 75 + 58
= 75 + 50 + 8
= 133

5 a) 16 + 40 + 7 = 63
b) 28 + 60 + 3 = 91
c) 35 + 10 + 7 = 52
d) 220 + 40 + 5 = 265
e) 78 + 20 + 9 = 107
f) 246 + 50 + 4 = 300

6 a) 53 + 198 (Trick 4)
= 53 + 200 − 2
= 253 − 2
= 251

b) 77 + 65 (Trick 3)
= 77 + 60 + 5
= 137 + 5
= 142

c) 45 + 63 + 75 (Trick 1)
= 45 + 75 + 63 (Trick 2)
= 120 + 63
= 183

7 a)

4	**3**	8
9	**5**	1
2	7	**6**

b)

4	**9**	2
3	**5**	**7**
8	**1**	**6**

c)

2	**9**	**4**
7	**5**	3
6	**1**	**8**

8

1	15	14	4
12	6	**7**	**9**
8	**10**	11	**5**
13	**3**	2	16

9

16	3	**2**	13
5	10	11	8
9	**6**	7	12
4	15	14	1

Die magische Zahl ist 34.

10

1	14	**14**	4
11	**7**	6	9
8	10	**10**	5
13	2	3	**15**

11 a) 277 + 120
= 277 + 100 + 20
= 397

b) 135 + 406
= 135 + 400 + 6
= 541

c) 852 + 160
= 852 + 100 + 60
= 1012

d) 280 + 166
= 280 + 160 + 6
= 446

e) 205 + 78
= 78 + 205
= 78 + 200 + 5
= 283

f) 307 + 579
= 579 + 307
= 579 + 300 + 7
= 886

12 a) 222 + 98
= 222 + 100 − 2
= 322 − 2
= 320

b) 531 + 304
= 531 + 300 + 4
= 831 + 4
= 835

c) 321 + 97
= 321 + 100 − 3
= 421 − 3
= 418

d) 205 + 138
= 138 + 205
= 138 + 200 + 5
= 338 + 5
= 343

e) 495 + 379
= 379 + 495
= 379 + 500 − 5
= 879 − 5
= 874

f) 128 + 411
= 128 + 400 +11
= 528 + 11
= 539

13 a) 43 + 18 = 43 + 20 − 2 = 61
b) 254 + 98 = 254 + 100 − 2 = 352
c) 485 + 62 = 485 + 60 + 2 = 547
d) 4893 + 79 = 4893 + 80 − 1 = 4972
e) 484 + 198 = 484 + 200 − 2 = 682
f) 8594 + 797 = 8594 + 800 − 3 = 9391

14 Ein sinnvolles Umstellen der Reihenfolge ergibt
a) 247 + 369 + 153 = **247 + 153** + 369 = 400 + 369 = 769
b) 867 + 1420 + 13 + 500 = **867 + 13** + 1420 + 500 = 880 + 1420 + 500 = 2300 + 500 = 2800
c) 89 + 742 + 68 = **742 + 68** + 89 = 810 + 89 = 899
d) 1702 + 561 + 88 + 49 = **1702 + 88** + **561 + 49** = 1790 + 610 = 2400

15 a) 54 + 28 = 82
b) 158 + 72 = 230
c) 93 + 834 = 927
d) 312 + 123 = 435
e) 253 + 614 = 867
f) 345 + 231 = 576

16 a) 10 − 2 = 8   b) 10 − 5 = 5   c) 100 − 6 = 94   d) 100 − 30 = 70
e) 1000 − 9 = 991   f) 1000 − 70 = 930   g) 1000 − 200 = 800   h) 1000 − 500 = 500

17 a) 100 − 20 = 80   b) 200 − 30 = 170   c) 400 − 5 = 395   d) 500 − 100 = 400
e) 700 − 300 = 400   f) 1000 − 40 = 960   g) 3000 − 60 = 2940   h) 4000 − 300 = 3700
i) 2000 − 1000 = 1000   j) 8000 − 3000 = 5000

18 a) 100 − 25 = 75   b) 300 − 37 = 263   c) 500 − 72 = 428   d) 600 − 96 = 504
e) 900 − 83 = 817   f) 700 − 120 = 580   g) 400 − 340 = 60   h) 800 − 480 = 320

19 a) 56   b) 69   c) 25   d) 9   e) 48   f) 35

20 a) 275   b) 178   c) 136   d) 391   e) 528   f) 625

21 a) 350 − 99 = 350 − 100 + 1 = 251   b) 760 − 97 = 760 − 100 + 3 = 663
c) 440 − 98 = 440 − 100 + 2 = 342   d) 270 − 97 = 270 − 100 + 3 = 173
e) 810 − 199 = 810 − 200 + 1 = 611   f) 930 − 298 = 930 − 300 + 2 = 632
g) 610 − 497 = 610 − 500 + 3 = 113

22 a) 370 − 102 = 370 − 100 − 2 = 268   b) 430 − 207 = 430 − 200 − 7 = 223
c) 680 − 104 = 680 − 100 − 4 = 576   d) 250 − 107 = 250 − 100 − 7 = 143
e) 920 − 203 = 920 − 200 − 3 = 717   f) 540 − 308 = 540 − 300 − 8 = 232
g) 700 − 406 = 700 − 400 − 6 = 294

23 a) 213 − 102
= 213 − 100 − 2
= 111

b) 345 − 206
= 345 − 200 − 6
= 139

c) 444 − 198
= 444 − 200 + 2
= 246

d) 705 − 299
= 705 − 300 + 1
= 406

e) 623 − 497
= 623 − 500 + 3
= 126

f) 567 − 398
= 567 − 400 + 2
= 169

24

285 | 142 | 76 | 31
143 | 66 | 45
77 | 21
56

25 a) 123 − 52 < 271 − 102
71 < 169

b) 553 − 298 < 460 − 203
255 < 257

c) 456 − 78 < 345 + 67
378 < 412

d) 304 − 157 = 93 + 54
147 = 147

e) 531 − 86 > 680 − 236
445 > 444

f) 135 + 79 < 642 − 420
214 < 222

26 a) Hier musst du die kleinste Zahl von der größten abziehen. 987 – 134 = 853
b) 417 – 398 = 19
c) Beispiel: 831 – 497 = 334; Rechne deine Lösung selbst nach
d) 981 – 473 = 508

27 a) 27 + 36 = 63
63 – 36 = 27

b) 79 – 23 = 56
56 + 23 = 79

c) 34 + 54 = 88 (vertauschen)
88 – 34 = 54

d) 79 – 36 = 43 (umkehren)
43 + 36 = 79 (vertauschen)
79 – 43 = 36

e) 128 + 38 = 166 (vertauschen)
166 – 128 = 38

f) 122 – 64 = 58 (umkehren)
58 + 64 = 122 (vertauschen)
64 + 58 = 122 (umkehren)
122 – 58 = 64

28 a) 295 + **5** = 300 b) 193 + **7** = 200 c) 389 + **11** = 400 d) 298 + **102** = 400
e) 487 + **213** = 700 f) 595 + **405** = 1000 g) 387 + **613** = 1000 h) 184 + **716** = 900

29

100	1000
46 + **54**	555 + **445**
38 + **62**	372 + **628**
67 + **33**	13 + **987**
56 + 44	**290** + 710
77 + 23	**61** + 939
79 + 21	**549** + 451

30

100	1000
172 – **72**	4276 – **3276**
399 – **299**	10 884 – **9884**
811 – **711**	8532 – **7532**
193 – 93	**2587** – 1587
3619 – 3519	**2312** – 1312
566 – 466	**5904** – 4904

31 a) 63 b) 5 c) 62 d) 121 e) 550
f) 265 g) 49 h) 1011 i) 33 j) 285

32 a) ☐ + 36 = 63
Ergibt die Summe der gesuchten Zahl und 36 zusammen 63, so muss die Differenz von 63 und 36 die gesuchte Zahl sein.
63 – 36 = **27** ☐ = 27

b) 47 – ☐ = 13
Ist die Differenz aus 47 und einer unbekannten Zahl 13, so muss die unbekannte Zahl genau die Differenz von 47 und 13 sein.
47 – 13 = **34** ☐ = 34

c) 456 + 123 = **579** ☐ = 579
d) 324 – 234 = **90** ☐ = 90
e) 111 – 99 = **12** ☐ = 12
f) 345 – 34 = **311** ☐ = 311
g) 49 + 48 = **97** ☐ = 97
h) 127 – 0 = **127** ☐ = 127

33 a) 245 + 255 = 500

b) 165 − 65 = 100 oder 255 − 65 = 190 oder 180 − 65 = 115 oder 245 − 65 = 180
oder 255 − 90 = 165 oder 245 − 90 = 155

c) 90 − 65 = 25

d) 255 − 245 = 10

34

(1) **3**	**7**	(1) **5**	■	(6) **3**
(2) **1**	**1**	■	(5) **9**	(1) **4**
(3) **2**	**4**	(4) **4**	■	(1) **8**
0	■	(7) **5**	**3**	(1) **0**

35

	Aufgabe	Umkehraufgabe	Korrektur
a)	720 + 180 = 900	900 − 180 = 720	richtig
b)	610 − 70 = 440	440 + 70 = 510	610 − 70 = 540
c)	310 − 130 = 190	190 + 130 = 320	310 − 130 = 180

36

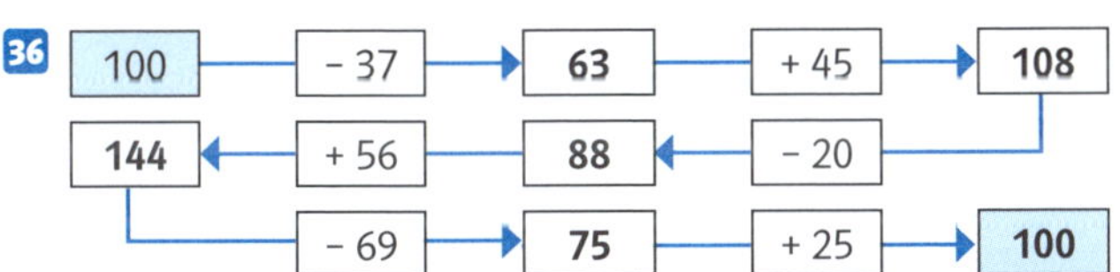

Erklärung: Addition und Subtraktion haben die Zahl 100 nicht verändert, weil du insgesamt gleich viel dazu addiert wie subtrahiert hast.
45 + 56 + 25 = 126; 37 + 20 + 69 = 126. Du hast also 100 + 126 − 126 = 100 gerechnet.

37 Die fehlenden Summen erhältst du durch Addition. Fehlt dagegen ein Summand, musst du den gegebenen Summanden von der Summe abziehen. Die fehlenden Differenzen errechnest du durch Subtraktion. Fehlt der Minuend, musst du den Subtrahenden zur Differenz addieren. Fehlt dagegen der Subtrahend, musst du die Differenz vom gegebenen Minuenden abziehen.

Erster Summand	Zweiter Summand	Summe
754	136	**890**
310	245	555
1290	**1165**	2455
2680	1044	3724
9090	1001	**10 091**
2264	10 245	12 509

Minuend	Subtrahend	Differenz
370	245	**125**
276	178	98
2450	**1390**	1060
3566	1236	**2330**
10 958	**1110**	9848
446 688	112 233	334 455

38 Rechnung: 189 € – 124 € = 65 €

39 Rechnung: 280 € – 229 € = 51 €

40 Rechnung: 28 + 8 = 36, 36 – 10 = 26 oder 28 + 36 + 26 = 90

41 a) $2 \cdot 1000 = 2000$ b) $14 \cdot 100 = 1400$ c) $36 \cdot 10 = 360$
d) $123 \cdot 10 = 1230$ e) $579 \cdot 100 = 57900$ f) $28 \cdot 1000 = 28\,000$

42 a) $3 \cdot 20 = 60$
$3 \cdot 200 = 600$
$3 \cdot 2000 = 6000$

b) $9 \cdot 40 = 360$
$9 \cdot 400 = 3600$
$9 \cdot 4000 = 36\,000$

c) $8 \cdot 70 = 560$
$8 \cdot 700 = 5600$
$8 \cdot 7000 = 56\,000$

d) $7 \cdot 60 = 420$
$7 \cdot 600 = 4200$
$7 \cdot 6000 = 42\,000$

e) $12 \cdot 30 = 360$
$12 \cdot 300 = 3600$
$12 \cdot 3000 = 36\,000$

f) $15 \cdot 50 = 750$
$15 \cdot 500 = 7500$
$15 \cdot 5000 = 75\,000$

g) $14 \cdot 90 = 1260$
$14 \cdot 900 = 12\,600$
$14 \cdot 9000 = 126\,000$

h) $22 \cdot 80 = 1760$
$22 \cdot 800 = 17\,600$
$22 \cdot 8000 = 176\,000$

43 a) Rechne so: $12 \cdot 2 = 24$ und hänge eine Null an, also $112 \cdot 20 = 240$
b) $24 \cdot 30 = 720$ c) $35 \cdot 40 = 1400$ d) $42 \cdot 50 = 2100$
e) $67 \cdot 70 = 4690$ f) $93 \cdot 20 = 1860$ g) $17 \cdot 200 = 3400$
h) $51 \cdot 300 = 15\,300$ i) $33 \cdot 600 = 19\,800$ j) $72 \cdot 500 = 36\,000$

44 a) $72 \cdot 5 = 70 \cdot 5 + 2 \cdot 5 = 350 + 10 = 360$ b) $8 \cdot 64 = 8 \cdot 60 + 8 \cdot 4 = 480 + 32 = 512$
c) $33 \cdot 9 = 30 \cdot 9 + 3 \cdot 9 = 270 + 27 = 297$ d) $58 \cdot 7 = 7 \cdot 50 + 7 \cdot 8 = 350 + 56 = 406$

45 a) $10 \cdot 6 + 9 \cdot 6 = 60 + 54 = 114$ b) $10 \cdot 3 + 5 \cdot 3 = 30 + 15 = 45$
c) $10 \cdot 9 + 4 \cdot 9 = 90 + 36 = 126$ d) $20 \cdot 5 + 2 \cdot 5 = 100 + 10 = 110$
e) $30 \cdot 7 + 5 \cdot 7 = 210 + 35 = 245$ f) $40 \cdot 4 + 8 \cdot 4 = 160 + 32 = 192$

46 a) $6 \cdot 6 = 6^2 = 36$ b) $7 \cdot 7 \cdot 7 = 7^3 = 343$
c) $2 \cdot 2 \cdot 2 \cdot 2 \cdot 2 \cdot 2 \cdot 2 = 2^7 = 128$

47

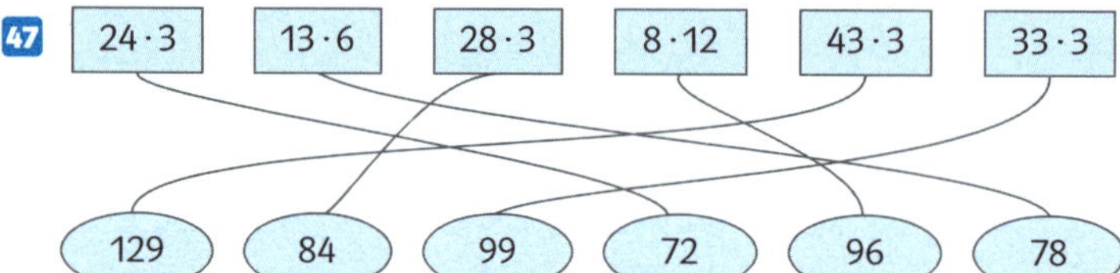

48 a) $13 \cdot 14$
$= 13 \cdot 10 + 13 \cdot 4$
$= 130 + 52$
$= 182$

b) $14 \cdot 16$
$= 14 \cdot 10 + 14 \cdot 6$
$= 140 + 84$
$= 224$

c) $18 \cdot 11$
$= 18 \cdot 10 + 18 \cdot 1$
$= 180 + 18$
$= 198$

d) $21 \cdot 15$
$= 21 \cdot 10 + 21 \cdot 5$
$= 210 + 105$
$= 315$

e) $24 \cdot 12$
$= 24 \cdot 10 + 24 \cdot 2$
$= 240 + 48$
$= 288$

f) $25 \cdot 13$
$= 25 \cdot 10 + 25 \cdot 3$
$= 250 + 75$
$= 325$

49 a) $13^2 = 13 \cdot 13$
$= 13 \cdot 10 + 13 \cdot 3$
$= 130 + 39$
$= 169$

b) $16^2 = 16 \cdot 16$
$= 16 \cdot 10 + 16 \cdot 6$
$= 160 + 96$
$= 256$

c) $17^2 = 17 \cdot 17$
$= 17 \cdot 10 + 17 \cdot 7$
$= 170 + 119$
$= 289$

d) $22^2 = 22 \cdot 22$
$= 22 \cdot 20 + 22 \cdot 2$
$= 440 + 44$
$= 484$

e) $15^2 = 15 \cdot 15$
$= 15 \cdot 10 + 15 \cdot 5$
$= 150 + 75$
$= 225$

f) $24^2 = 24 \cdot 24$
$= 24 \cdot 20 + 24 \cdot 4$
$= 480 + 96$
$= 576$

g) $19^2 = 19 \cdot 19$
$= 19 \cdot 10 + 19 \cdot 9$
$= 190 + 171$
$= 361$

h) $23^2 = 23 \cdot 23$
$= 23 \cdot 20 + 23 \cdot 3$
$= 460 + 69$
$= 529$

50 Kontrolliere dich selbst.

51

$1^2 = 1$	$2^2 = 4$	$3^2 = 9$	$4^2 = 16$	$5^2 = 25$	$6^2 = 36$	$7^2 = 49$	$8^2 = 64$
$9^2 = 81$	$10^2 = 100$	$11^2 = 121$	$12^2 = 144$	$13^2 = 169$	$14^2 = 196$	$15^2 = 225$	$16^2 = 256$
$17^2 = 289$	$18^2 = 324$	$19^2 = 361$	$20^2 = 400$	$21^2 = 441$	$22^2 = 484$	$23^2 = 529$	$24^2 = 576$
$25^2 = 625$							

52 a) $12 \cdot 13 = 12 \cdot 10 + 12 \cdot 3 = 120 + 36 = 156$
b) $23 \cdot 16 = 23 \cdot 10 + 23 \cdot 6 = 230 + 138 = 368$
c) $36 \cdot 21 = 36 \cdot 20 + 36 \cdot 1 = 720 + 36 = 756$
d) $25 \cdot 18 = 25 \cdot 10 + 25 \cdot 8 = 250 + 20 \cdot 8 + 5 \cdot 8$
$= 250 + 160 + 40 = 450$
e) $17 \cdot 22 = 17 \cdot 20 + 17 \cdot 2 = 340 + 34 = 374$
f) $15 \cdot 18 = 15 \cdot 10 + 15 \cdot 8 = 150 + 120 = 270$

53 a) 130 b) 2300 c) 5400 d) 3300
e) 122 000 f) 69 000

54 a) $2 \cdot 3 = 6$ $20 \cdot 30 = 600$
b) $6 \cdot 5 = 30$ $60 \cdot 5 = 300$
c) $18 \cdot 4 = 72$ $180 \cdot 4 = 720$
d) $12 \cdot 6 = 72$ $1200 \cdot 6 = 7200$
e) $5 \cdot 7 = 35$ $500 \cdot 70 = 35\,000$
f) $44 \cdot 5 = 220$ $440 \cdot 50 = 22\,000$

55 a) $2 \cdot 38 \cdot 5 = 2 \cdot 5 \cdot 38 = 10 \cdot 38 = 380$
b) $6 \cdot 7 \cdot 5 \cdot 3 = 6 \cdot 5 \cdot 7 \cdot 3 = 30 \cdot 7 \cdot 3 = 30 \cdot 21 = 630$
c) $4 \cdot 21 \cdot 5 = 4 \cdot 5 \cdot 21 = 20 \cdot 21 = 420$
d) $25 \cdot 8 \cdot 4 = 25 \cdot 4 \cdot 8 = 100 \cdot 8 = 800$

56 a) $13 \cdot 17 = 13 \cdot 10 + 13 \cdot 7 = 130 + 91 = 221$
b) $42 \cdot 15 = 42 \cdot 10 + 42 \cdot 5 = 420 + 210 = 630$
c) $28 \cdot 3 = 20 \cdot 3 + 8 \cdot 3 = 60 + 24 = 84$
d) $9 \cdot 39 = 9 \cdot 30 + 9 \cdot 9 = 270 + 81 = 351$

57 b) $2 \cdot 14 \cdot 5 = 2 \cdot 5 \cdot 14 = 10 \cdot 14 = 140$
c) $18 \cdot 4 \cdot 5 = 4 \cdot 5 \cdot 18 = 20 \cdot 18 = 360$
d) $25 \cdot 12 \cdot 4 = 4 \cdot 25 \cdot 12 = 100 \cdot 12 = 1200$
e) $125 \cdot 12 \cdot 8 \cdot 5 = 125 \cdot 8 \cdot 12 \cdot 5 = 1000 \cdot 60 = 60\,000$

58 a) 424 : 4
424 = *400 + 24*; ich rechne also
400 : 4 = 100 und
24 : 4 = 6
100 + 6 = 106,
also 424 : 4 = 106

b) 91 : 7
91 = 70 + 21; ich rechne also
70 : 7 = 10 und
21 : 7 = 3
10 + 3 = 13,
also 91 : 7 = 13

c) 54 : 3
54 = 30 + 24 ; ich rechne also
30 : 3 = 10 und
24 : 3 = 8
10 + 8 = 18,
also 54 : 3 = 18

d) 152 : 8
152 = 80 + 72; ich rechne also
80 : 8 = 10 und
72 : 8 = 9
10 + 9 = 19,
also 152 : 8 = 19

e) 164 : 4
164 = 160 + 4; ich rechne also
160 : 4 = 40 und
4 : 4 = 1
40 + 1 = 41,
also 164 : 4 = 41

f) 252 : 6
252 = 240 + 12; ich rechne also
240 : 6 = 40 und
12 : 6 = 2
40 + 2 = 42,
also 252 : 6 = 42

g) 279 : 9
279 = 270 + 9; ich rechne also
270 : 9 = 30 und
9 : 9 = 1
30 + 1 = 31,
also 279 : 9 = 31

h) 335 : 5
335 = 300 + 35; ich rechne also
300 : 5 = 60 und
35 : 5 = 7
60 + 7 = 67,
also 335 : 5 = 67

59 a) 20~~0~~ : 1~~0~~ = 20
b) 14~~0~~ : 1~~0~~ = 14
c) 36~~0~~ : 1~~0~~ = 36
d) 123~~0~~ : 1~~0~~ = 123
e) 57~~00~~ : 1~~00~~ = 57
f) 28~~00~~ : 1~~00~~ = 28

60

a) 6 : 2 = 3
60 : 20 = 3
600 : 200 = 3

b) 15 : 3 = 5
150 : 30 = 5
1500 : 300 = 5

c) 84 : 7 = 12
840 : 70 = 12
8400 : 700 = 12

d) 42 : 6 = 7
420 : 60 = 7
4200 : 600 = 7

e) 120 : 3 = 40
1200 : 30 = 40
12 000 : 300 = 40

f) 5 : 5 = 3
150 : 50 = 3
1500 : 500 = 3

g) 54 : 9 = 6
540 : 90 = 6
5400 : 900 = 6

h) 112 : 8 = 14
1120 : 80 = 14
11 200 : 800 = 14

61

a) 12Ø : 2Ø = 6
b) 24Ø : 3Ø = 8
c) 36Ø : 4Ø = 9
d) 45Ø : 5Ø = 9
e) 63Ø : 7Ø = 9
f) 20Ø : 2Ø = 10
g) 18ØØ : 2ØØ = 9
h) 51ØØ : 3ØØ = 17
i) 30ØØ : 6ØØ = 5
j) 75ØØ : 5ØØ = 15

62

a) 15 $\underset{:10}{\overset{\cdot 10}{\rightleftarrows}}$ 150
b) 23 $\underset{:10}{\overset{\cdot 10}{\rightleftarrows}}$ 230
c) 37 $\underset{:10}{\overset{\cdot 10}{\rightleftarrows}}$ 370
d) 146 $\underset{:10}{\overset{\cdot 10}{\rightleftarrows}}$ 1460
e) 15 $\underset{:100}{\overset{\cdot 100}{\rightleftarrows}}$ 1500
f) 1683 $\underset{:100}{\overset{\cdot 100}{\rightleftarrows}}$ 168 300

63

a) 18
b) 12
c) 17
d) 16
e) 13
f) 25
g) 14
h) 63

64

a) 0
b) 28Ø : 4Ø = 7
c) 35ØØ : 5ØØ = 7
d) 400Ø : 8Ø = 50
e) 12 ØØØ : 3ØØØ = 4
f) 44 ØØØ : 4ØØ = 110
g) 8 : 0 geht nicht, durch Null darf man nicht teilen!
h) 210Ø : 5Ø = 42

65

a) 75 : 5 = 15,
also 15 · 5 = 75

b) □ · 12 = 132
132 : 12 = 11,
also 12 · 11 = 132

c) 117 : 13 = 9,
also 9 · 13 = 117

d) 17 · □ = 136
□ · 17 = 136
136 : 17 = 8,
also 136 : 8 = 17

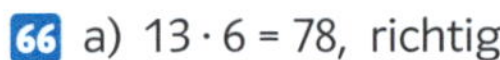

66 a) 13 · 6 = 78, richtig

b) 221 : 17 = 12, falsch
12 · 17 = 204
13 · 17 = 221,
also 221 : 17 = 13

c) 16 · 12 = 194, falsch
16 · 12 = 192

d) 126 : 18 = 7, richtig

e) 336 : 16 = 21
21 · 16 = 336, also richtig

f) 148 : 4 = 36, falsch
36 · 4 = 144
37 · 4 = 148
also 148 : 4 = 37

67 a) □ · 15 = 90
90 : 15 = 6

b) □ : 9 = 14
14 · 9 = 126

c) □ : 7 = 22
22 · 7 = 154

d) 156 : □ = 6
6 · □ = 156
□ · 6 = 156
156 : 6 = 26

68 a) 90 b) 2000 c) 104 d) 3 e) 16
f) 156 g) 13 h) 275 i) 14 j) 0

69

1. Faktor	8	7	**9**	15
2. Faktor	12	**12**	13	**15**
Produkt	**96**	84	117	225

Dividend	81	32	**600**	156
Divisor	3	**4**	5	**12**
Quotient	**27**	8	120	13

70 a) 4 · 17 = 68

b) □ · 15 = 90, also □ = 90 : 15 = **6**

c) □ : 9 = 14, also □ = 14 · 9 = **126**

d) □ : 7 = 22, also □ = 22 · 7 = **154**

71 a) Das Produkt verdoppelt sich. 3 · 5 = 15 6 · 5 = 30
b) Das Produkt bleibt gleich. 7 · 8 = 56 14 · 4 = 56
c) Der Quotient wird viermal so groß. 12 : 4 = 3 24 : 2 = 12

72 Rechnung: Im Jahr kauft Svenja 24 Zeitschriften. 24 · 1,50 € = 36 €

Antwort: Ungünstiger ist Svenjas Variante. Sie muss sich die Zeitschrift außerdem immer kaufen und bekommt sie nicht wie Max bequem mit der Post zugeschickt.

73 a) 8 · (3 + 6)
= 8 · 9
= 72

b) 72 − (35 − 13)
= 72 − 22
= 50

c) 182 + (43 − 13)
= 182 + 30
= 212

d) 56 : (32 − 28)
= 56 : 4
= 14

e) 280 − (120 − (83 − 43))
= 280 − (120 − 40)
= 280 − 80
= 200

f) (13 − 5) · (11 + 2)
= 8 · 13
= 104

74 a) $3 \cdot 6 - 12$
$= 18 - 12$
$= 6$

b) $37 + 4 \cdot 2$
$= 37 + 8$
$= 45$

c) $21 + 4 \cdot 12$
$= 21 + 48$
$= 69$

d) $95 - 45 : 3$
$= 95 - 15$
$= 80$

e) $12 + 3 \cdot 4 - 5$
$= 12 + 12 - 5$
$= 24 - 5$
$= 19$

f) $12 \cdot 8 - 9 \cdot 4$
$= 96 - 36$
$= 60$

75 a) $4 \cdot 20 : 8$
$= 80 : 8$
$= 10$

b) $12 + 84 - 36$
$= 96 - 36$
$= 60$

c) $96 - 43 + 17$
$= 53 + 17$
$= 70$

d) $4 \cdot 5 \cdot 8 : 4$
$= 20 \cdot 8 : 4$
$= 160 : 4$
$= 40$

e) $36 : 9 \cdot 15 : 3$
$= 4 \cdot 15 : 3$
$= 60 : 3$
$= 20$

f) $45 + 56 - 67 + 78$
$= 101 - 67 + 78$
$= 34 + 78$
$= 112$

76 a) $3 \cdot (15 - 2 \cdot 3)$
$= 3 \cdot (15 - 6)$
$= 3 \cdot 9$
$= 27$

b) $96 : (12 + 4 \cdot 9)$
$= 96 : (12 + 36)$
$= 96 : 48$
$= 2$

c) $14 \cdot 2 + (7 - 3) \cdot 4$
$= 14 \cdot 2 + 4 \cdot 4$
$= 28 + 16$
$= 44$

d) $(48 + 42) : (27 - 12)$
$= 90 : 15$
$= 6$

e) $45 : 3 + 25 \cdot 3$
$= 15 + 75$
$= 90$

f) $(18 + 4 \cdot (22 - 14)) + 33$
$= (18 + 4 \cdot 8) + 33$
$= 18 + 32 + 33$
$= 50 + 33$
$= 83$

77 a) $4 \cdot (36 - \square) = 84$
Rechne $4 \cdot (\square) = 84$
also $84 : 4 = (\square)$
$21 = (\square)$
$36 - \square = 21$
$36 - 21 = 15$,
also $4 \cdot (36 - \mathbf{15}) = 84$

b) $22 + 4 \cdot \square = 78$
$22 + (\square) = 78$
$78 - 22 = (\square)$
$56 = (\square)$
$56 = 4 \cdot \square$
$14 = 56 : 4$,
also $22 + 4 \cdot \mathbf{14} = 78$

c) $6 \cdot \square - 7 = 17$
$(\square) - 7 = 17$
$(\square) = 17 + 7 = 24$
$6 \cdot \square = 24$
$24 : 6 = 4$,
also $6 \cdot \mathbf{4} - 7 = 17$

d) $5 \cdot (8 - 2) \cdot \square = 240$
$5 \cdot 6 \cdot \square = 240$
$30 \cdot \square = 240$
$\square = 8$,
also $5 \cdot (8 - 2) \cdot \mathbf{8} = 240$

78 a) $3 \cdot (6 - 5) \cdot 2 = 6$

b) $3 \cdot (6 - 5) \cdot 2 = 6$

c) $15 \cdot (14 - 13 - 1) = 0$

2 Kopfrechnen mit ganzen Zahlen

1 a) −5 + 8 = 3 b) 27 − 43= −16 c) −25 − 13 = −38 d) 64 + 27 = 91
e) 12 − 128 = −116 f) −43 − 88 = −131 g) −121 + 77 = −44 h) 43 − 97= −54

2 a) −35 + (+28) = −35 + 28 = −7
b) 14 − (+19) = 14 − 19 = −5
c) −20 + (−35) = −20 − 35 = −55
d) −7 − (−12) = −7 + 12 = 5

3 a) −25 + (+32) = 7 b) 34 + (−19) = 15 c) −30 − (+15) = −30 c) −13 − (−17) = 4

4 a) −25 − **5** = −30 b) −15 − **(−10)** = −5 c) 16 + **(−5)** = 11
d) 4 − **(−8)** = 12 e) **−9** − 8 = −17 f) **17** − 21 = −4
g) **−12** − (−30) = 18 h) **−25** + (−25) = −50 i) **37** − (+27) = 10

5 Statt ☐ müssen folgende Zahlen stehen:
a) −5 b) +10 c) −5 d) −8 e) +25 f) +17 g) −12
h) beliebig viele Lösungen, z. B. ☐ = 1 oder ☐ = 26 usw.

6 Das ist etwas für findige Köpfe! Diese beiden Aufgaben sind sehr leicht zu rechnen, aber ziemlich knifflig zu durchschauen. Du musst die Aufgabenstellung erst erkennen. Das +-Zeichen bei a) bzw. das −-Zeichen bei b) bedeutet, dass du Zahlen addieren bzw. subtrahieren musst. Die Startzahlen sind durch dickere Striche von den Ergebnissen abgegrenzt. Du addierst bei a) paarweise eine Zahl aus der zweiten Spalte zu einer aus der ersten Zeile.
Also z. B. −14 + (+25) = +11 (das steht schon da).
Weiter: +48 + (+25) = **+73** und +48 + (**−48**) = 0 usw.
Bei b) subtrahierst du entsprechend die Zahlen aus der ersten Zeile von den Startzahlen in der zweiten Spalte, z. B. −24 − (−41) = −24 + 41 = **+17** usw.

a)

	+	+25	**−48**	−85
Startzahl	−14	+11	**−62**	**−99**
	+48	**+73**	0	**−37**
	+52	**+77**	**+4**	−33

b)

	−	−41	+15	**−17**
Startzahl	−24	**+17**	−39	**−7**
	−5	**+36**	**−20**	+12
	+36	**+77**	+21	**+53**

7 a) wahr, z. B. +4 + 7 = +11; +4 + (−7) = −3
b) falsch, wenn der zweite Summand negativ ist, ist die Summe kleiner als der erste Summand
c) wahr, z. B. 7 + (−10) = −3 und 7 − (+10) = −3
d) falsch, z. B. −1 + (−2) = −3 < 2

8 a) 65 + 51 − 36 = 80 b) −21 − 47 + 68 = 0 c) −22 + 33 − 55 =−44
d) 51 + 12 − 25 = 38 e) 29 + 4 + 15 = 48 f) 19 + (−22) = −3

9 a) (17 + (−24)) + (−15 + (−5)) = −7 + (−20) = −27
b) (−75 + (+25)) − (25 − 100) = −50 − (−75) = 25
c) (78 − 90) + (31 − 16) = −12 + 15 = 3
d) (56 − 25) − (14 + (−50)) = 31 − (−36) = 67

10 a) richtig
b) falsch, (58 − 35) + (−25 + 55) = 23 + 30 = 53
c) falsch, 48 − (21 − 72) = 48 − (−51) = 48 + 51 = 99
d) falsch, 25 − 45 + 26 − 38 = −20 + 26 − 38 = 6 − 38 = −32
Beachte bei der letzten Aufgabe besonders den richtigen Gebrauch des Gleichheitszeichens.

11

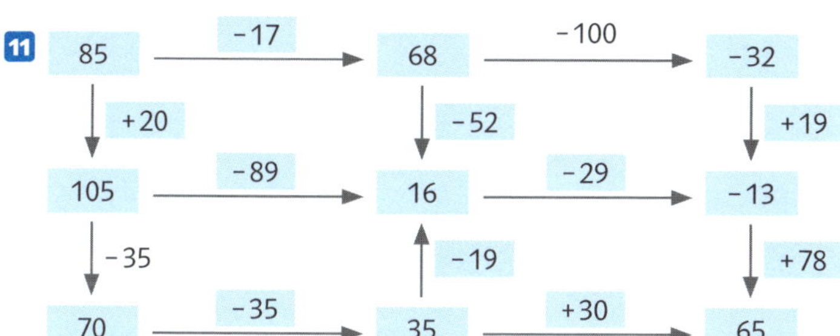

12

	Ergebnis positiv	Ergebnis negativ	Ergebnis
15 · (−9)	☐	☒	−135
−11 · 6	☐	☒	−66
−13 · (−14)	☒	☐	182
180 : (−15)	☐	☒	−12
−144 : (−9)	☒	☐	16
4 · (−5) · (−6)	☒	☐	120
−120 : (−12) · (−8)	☐	☒	−80

13 a) + b) − c) +
d) keins e) keins f) −

14 a) 18 · (−11) = −198 b) −12 · 8 = −96 c) −17 · (−9) = 153
d) −5 · 2 · 24 = −240 e) −168 : 8 = −21 f) −154 : (−7) = 22
g) 198 : (−9) = −22 h) −240 : (−3) : (−5) = −16

15 a) −11 b) +72 c) +5 d) −165

16 a) $\square \cdot (-16) = 80$
$80 : (-16) = -5$

b) $\square : (-12) = -7$
$-7 \cdot (-12) = 84$

c) $25 \cdot \square = -125$
$-125 : 25 = -5$

d) $-136 : \square = 8$
$-136 : 8 = -17$

e) $-12 \cdot \square = 168$
$168 : (-12) = -14$

f) $\square : 8 = -14$
$(-14) \cdot 8 = -112$

17 a) $-8 \cdot (4 + 7)$
$= -8 \cdot 11$
$= -88$

b) $-72 - (-35 + 13)$
$= -72 - (-22)$
$= -72 + 22$
$= -50$

c) $-182 + (-43 + 13)$
$= -182 + (-30)$
$= -182 - 30$
$= -212$

d) $(-13 + 5) \cdot (11 - 2)$
$= -8 \cdot 9$
$= -72$

e) $-56 : (32 - 28)$
$= -56 : 4$
$= -14$

f) $(-12 - 4) \cdot 4$
$= -16 \cdot 4$
$= -64$

18 a) $-3 \cdot 6 - 12$
$= -18 - 12$
$= -30$

b) $37 + 4 \cdot (-2)$
$= 37 + (-8)$
$= 37 - 8$
$= 29$

c) $-41 + 4 \cdot (-12)$
$= -41 + (-48)$
$= -41 - 48$
$= -89$

d) $-24 + 3 \cdot 4 - 35$
$= -24 + 12 - 35$
$= -12 - 35$
$= -47$

e) $-95 - 45 : (-3)$
$= -95 + 15$
$= -80$

f) $12 \cdot (-8) - 9 \cdot (-4)$
$= -96 - (-36)$
$= -96 + 36$
$= -60$

19 a) $-3 \cdot (15 - 2 \cdot (-3))$
$= -3 \cdot (15 + 6)$
$= -3 \cdot 21$
$= -63$

b) $-96 : (12 - 4 \cdot (-9))$
$= -96 : (12 + 36)$
$= -96 : 48$
$= -2$

c) $-14 \cdot 2 + (7 - 3) \cdot (-4)$
$= -28 + 4 \cdot (-4)$
$= -28 - 16$
$= -44$

d) $(-48 - 42) : (-27 + 12)$
$= -90 : (-15)$
$= 6$

e) $-42 : 3 + 25 \cdot (-3)$
$= -14 + (-75)$
$= -14 - 75$
$= -89$

f) $-18 + 4 \cdot (-22 + 14) + 33$
$= -18 + 4 \cdot (-8) + 33$
$= -18 - 32 + 33$
$= -50 + 33$
$= -17$

20 a) $-2 \cdot 5 \cdot 14 = -10 \cdot 14 = -140$
b) $-8 \cdot (-5) \cdot (-3) = 40 \cdot (-3) = -120$
c) $14 \cdot (-10) = -140$
d) $3 \cdot (-11) \cdot (-2) \cdot 5 = -33 \cdot (-10) = 330$
e) $-25 \cdot (-4) \cdot 7 = 100 \cdot 7 = 700$
f) $5 \cdot (-4) \cdot (-12) = -20 \cdot (-12) = 240$

21 a) $25 + 15 + 17 - 17 = 40$
b) $34 - 14 - 41 = 20 - 41 = -21$
c) $85 - 35 - 47 = 50 - 47 = 3$
d) $-112 + 12 + 45 - 15 = -100 + 30 = -70$